WELTNATURERBE WATTENMEER
Die Nordsee

Die Nordsee ist ein Randmeer des Atlantiks, durchströmt von den Gezeitenwellen und so salzig wie der Ozean. An der deutschen Nordseeküste erstreckt sich das Wattenmeer, eine einzigartige Landschaft, die als Nationalpark geschützt und seit 2009 als Weltnaturerbe ausgezeichnet ist.
→ Das Wattenmeer ist ein Saum zwischen Land und Meer, geprägt von Ebbe und Flut, geschützt von einer Barriere aus Inseln, hinter denen sich die weltweit größten zusammenhängenden Flächen von Schlick- und Sandwatt erstrecken, gefolgt von Salzwiesen, Stränden und Dünen.

BINNENMEER
Die Ostsee

Die Ostsee ist ein Binnenmeer, in dem Salz Mangelware ist. Sie ist nur über die engen und flachen Verbindungen zwischen den dänischen Inseln mit der Nordsee verbunden. Nur unter bestimmten Wetterbedingungen strömt salzreiches Nordseewasser ein und versorgt die westliche Ostsee. Richtung Osten wird der Salzgehalt immer niedriger, denn aus mehr als 200 Flüssen strömt Süßwasser in die Ostsee.

→ Dieser Salzmangel macht vielen Meeresbewohnern zu schaffen. In der westlichen Ostsee vor Schleswig-Holstein ist der Salzgehalt noch relativ hoch und somit auch die Artenzahl der Meeresbewohner. Doch Richtung Osten nehmen Salzgehalt und Artenvielfalt ab. Daher sind im Buch auch die Verbreitungsgrenzen von Meerestieren und -pflanzen in der Ostsee angegeben.

Zur Nordsee hin ist die westliche Ostsee noch salzreich (blau). Nach Nordosten nimmt der Salzgehalt ab (weiß).

SÄUGETIERE
<u>schneller bestimmen</u>

Säugetiere versorgen ihren Nachwuchs mit Milch, die in den Milchdrüsen der Weibchen produziert wird. So erhalten die Neugeborenen ohne viel Aufwand eine fett- und nährstoffreiche Nahrung und können schnell wachsen.

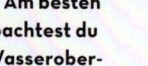

AB SEITE 7
Säugetiere

Die auffälligsten Säuger an der Küste sind Seehunde und Kegelrobben.

↓

Sie vom Land aus zu entdecken ist gar nicht so einfach. Am besten beobachtest du die Wasseroberfläche.

↓

Mit etwas Glück entdeckst du die Finne eines Schweinswals.

Meist tragen Säugetiere ein Fell und halten ihre Körpertemperatur konstant, sodass sie relativ unabhängig von der Umgebungstemperatur sind. Ein ganz typisches Merkmal der wasserlebenden Säugetiere sind ihre zu Flossenfüßen oder Schwimmflossen umgebildeten Gliedmaßen.

→ Robben tragen ein glattes Fell. Arm- und Beinpaare sind zu Flossenfüßen umgewandelt.

→ Die im Meer lebenden Wale und Delfine tragen, anders als Fische, eine waagrecht zur Schwimmrichtung angeordnete Schwanzflosse. Die hinteren Gliedmaßen sind zurückgebildet, die vorderen zu Flossen umgestaltet. Außerdem haben sie kein Fell, sondern eine glatte Haut. Eine dicke Fettschicht schützt sie vor Kälte.

große Augen

spindlförmige Gestalt

Nasen-
bart

Jagen unter Wasser nach Fischen →

Seehund

Phoca vitulina

Größe Männliche Tiere bis 2 m lang
Merkmale Körper spindelförmig, Fell grau bis sandfarben
mit dunklen Flecken.
Nahrung Jagen Heringe, Kabeljau, Plattfische, Grundeln
und Sandaale.
Vorkommen Sandküsten. Nordsee und westliche Ostsee.

→ TYPISCH **Seehunde sind an das Wasser angepasste Säugetiere. Ihr dichtes Fell ist durch Talg völlig wasserdicht, ihre Gliedmaßen sind zu Schwimmbeinen umgeformt und eine Fettschicht
unter der Haut schützt sie vor Kälte. Nur zur Geburt und zum
Säugen der Jungen müssen Seehunde das Wasser verlassen und
kommen dann an Land. Auch zum Ausruhen suchen die Tiere
meist Sandbänke auf – dort kann man sie gut beobachten. Seehunde nehmen ihre Beute mithilfe ihrer sinnesempfindlichen
Schnurrbarthaare wahr.**

geflecktes Fell

kegel-
förmiger
Kopf

Kegelrobben rasten am Strand →

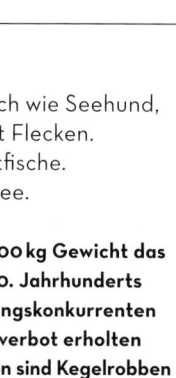

Kegelrobbe

Halichoerus grypus

Größe Männliche Tiere über 2 m lang
Merkmale Kopf kegelförmig, Gestalt ähnlich wie Seehund, variabel gefärbt – hell bis fast schwarz mit Flecken.
Nahrung Jagen Hering, Kabeljau und Plattfische.
Vorkommen Felsküsten. Nordsee und Ostsee.

TYPISCH **Die Kegelrobbe ist mit bis zu 300 kg Gewicht das größte Raubtier Deutschlands. Bis Mitte des 20. Jahrhunderts wurden Kegelrobben vom Menschen als Nahrungskonkurrenten gejagt und fast ausgerottet. Nach einem Jagdverbot erholten sich die Bestände jedoch. Seit den 1990er-Jahren sind Kegelrobben an deutschen Nord- und Ostseeküsten wieder heimisch. Besonders auf und rund um Helgoland kann man die Tiere beobachten. Die Jungtiere kommen im Winter an ungestörten Stränden zur Welt und tragen im ersten Monat ein langhaariges, weißes Fell.**

abgerundeter Kopf

dreieckige
Rückenflosse

kleine Brust-
flossen

Schweinswale atmen durch ihr am Kopf-
rücken sitzendes Blasloch →

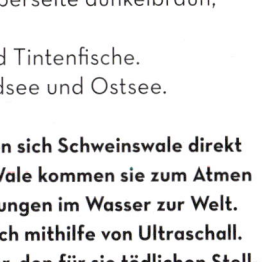

Schweinswal

Phocoena phocoena

Größe Bis 1,8 m lang
Merkmale Körper stromlinienförmig, Schwanzflosse waag-
recht, dreieckige Rückenflosse, Oberseite dunkelbraun,
Unterseite hell.
Nahrung Jagen Fische, Krebse und Tintenfische.
Vorkommen Küstengewässer. Nordsee und Ostsee.

→ TYPISCH Mit etwas Glück lassen sich Schweinswale direkt
vor der Küste beobachten. Wie alle Wale kommen sie zum Atmen
an die Oberfläche und bringen ihre Jungen im Wasser zur Welt.
Sie kommunizieren und orientieren sich mithilfe von Ultraschall.
Trotzdem gelingt es ihnen nicht immer, den für sie tödlichen Stellnetzen der Fischer auszuweichen. Auch der zunehmende Lärm im
Meer macht dem »Kleinen Tümmler« zu schaffen. Schweinswal-
mütter halten sich mit ihren Kälbern in bestimmten flachen See-
gebieten auf. Eine dieser »Kinderstuben« liegt westlich der Insel Sylt.

VÖGEL
schneller bestimmen

Alle Vögel sind durch Flügel und Federn gekennzeichnet. Auch ihr Schnabel ist ein gemeinsames Merkmal, und wie Säugetiere halten sie ihre Körpertemperatur konstant. Ihr Skelett wiegt dank der hohlen Knochen sehr wenig, das erleichtert das Fliegen. Vögel legen Eier und brüten sie aus. Auch Arten, die fast nur auf dem Meer leben, suchen zum Brüten festen Boden auf.

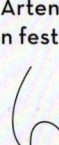

Je nach Körper-bau und Lebens-weise teilt man Vögel in Gruppen ein.

Prüfe zunächst, in welche Gruppe der Vogel, den du bestimmen möchtest, gehört.

Dann blätterst du zu der Seite, ab der die passen-den Arten beschrieben sind.

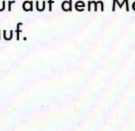

AB SEITE 12
Möwen

Meistens tragen Möwen ein überwiegend weißes Gefieder. Sie haben einen kurzen Schnabel und Schwimmhäute zwischen den Zehen.
$\longrightarrow$ Auf Nahrungssuche bilden sie häufig Schwärme und sind nicht nur an Gewässern verschiedener Art anzutreffen, sondern auch auf Wiesen, Feldern oder Müllkippen.

AB SEITE 18

Seeschwalben

Im Vergleich zu den nahe verwandten Möwen sind See-
schwalben kleiner, schmaler und haben spitze Flügel.
Sie jagen kleine Fische im Sturzflug. Seeschwalben sind
Zugvögel, die große Entfernungen zurücklegen können.

AB SEITE 22

Watvögel

Mit ihren langen Beinen waten die typischen Watvögel
im Flachwasser und stochern mit ihren Schnäbeln im
Schlamm nach Nahrung. Schnabellängen und -formen
variieren, so können die Watvögel unterschiedliche
Nahrungsquellen erschließen.

AB SEITE 36

Enten und Gänse

Kurze Beine und Schwimmhäute zwischen den Zehen
kennzeichnen diese eher plumpen Wasservögel. Enten
haben einen kurzen Hals und die Geschlechter sind
unterschiedlich gefärbt. Gänse und Schwäne haben einen
langen Hals, Männchen und Weibchen sind gleich gefärbt.

AB SEITE 42

Weitere Vögel

Während die großen schwarzen Kormorane an unseren
Küsten häufig sind, ist es schon ein ganz besonderes
Erlebnis, graziöse Kraniche oder einen majestätischen
Seeadler zu beobachten.

graue Flügel-
decken

gelber Schnabel
mit rotem Punkt

fleischfarbene Füße

Flügelspitzen schwarz mit weißen →
Flecken

Silbermöwe

Larus argentatus

Größe 54–60 cm
Merkmale Gefieder weiß, Flügeldecken grau mit schwarz-
weißen Spitzen, Füße fleischfarben, Schnabel gelb mit rotem Punkt. Jungvögel bräunlich gefleckt und erst im dritten
Jahr ausgefärbt.
Nahrung Muscheln, Krebs- und Weichtiere, Fische und Würmer, Aas, Eier und Abfall.
Vorkommen Brutkolonien auf Strandwiesen, in Dünen, manchmal auf Hausdächern. Ganzjährig an den Küsten der Nord-
und Ostsee.

Beim Spaziergang am Meer und in Häfen sind Silbermöwen all-
gegenwärtig. Sie bleiben das ganze Jahr über in Deutschland. Vögel aus Nordosteuropa überwintern oder rasten
bei uns. Silbermöwen brüten in großen Kolonien, die aus
Tausenden von Brutpaaren bestehen können. Diese Brut-

↑ Brütende Silbermöwe auf dem Nest

↑ Jungtier mit geflecktem Gefieder

kolonien legen die Möwen bevorzugt in Bereichen an den Küsten an, in denen sie Schutz vor Hochwasser und Feinden finden. Silbermöwen haben gelernt, sich neue Nahrungsquellen zu erschließen. Sie folgen Fischkuttern, um den Beifang zu fressen, den die Fischer über Bord kippen. Auf der Strandpromenade kann es vorkommen, dass vorwitzige Möwen sich Fischbrötchen aus den Händen der überraschten Urlaubsgäste schnappen, wenn sie zuvor gefüttert wurden und sich an Menschen als Futterquelle gewöhnt haben.

→ **TYPISCH** Silbermöwen sind überwiegend an Küsten anzutreffen, bisweilen gehen sie aber auch im Binnenland auf Feldern auf Nahrungssuche und besiedeln zur Brutzeit zunehmend sogar Städte. In den nahrungsarmen Wintermonaten suchen sie auch auf Müllkippen nach Futter.

dunkelgraue
Flügeldecken

gelber Schnabel
mit rotem Punkt

gelbe Beine
und Füße

Gelege in den Dünen →

Heringsmöwe

Larus fuscus

Größe 48–56 cm
Merkmale Rücken und Flügeloberseite dunkelgrau, ansonsten ähnlich wie Silbermöwe. Beine und Füße gelb, Jungvögel sind von Silbermöwen kaum zu unterscheiden, später wird die Oberseite dunkler.
Nahrung Frisst hauptsächlich Fische wie Hering, aber auch Würmer, Krabben, Aas, Eier und Abfall.
Vorkommen Brutvogel an flachen Küsten und auf Inseln, das ganze Jahr über anwesend, seltener als die Silbermöwe.

 → **TYPISCH** Heringsmöwen sind wesentlich scheuer als die Silbermöwen. Man sieht sie bei uns im Sommer vor allem an der Nordseeküste, wo sie mit beeindruckenden Stoßtauchmanövern Fische jagen. Bei der Nahrungssuche folgen sie aber auch Fischkuttern und holen sich Fischereiabfälle.

schokoladen-
brauner Kopf

roter
Schnabel

spitz zulaufende Flügel

Im Ruhekleid weißer Kopf mit →
dunklem Ohrfleck

Lachmöwe

Chroicocephalus ridibundus

Größe 35–39 cm
Merkmale Männchen im Brutkleid mit schokoladenbraunem Kopf, im Ruhekleid weißer Kopf mit dunklem Ohrfleck. Kleine, schlanke Gestalt mit rotem Schnabel und roten Beinen.
Nahrung Würmer, Insekten, kleine Fische, Krebse, aber auch Aas und Abfälle.
Vorkommen Brutkolonien häufig im Verlandungsbereich, im Schilf und auf kleinen Inseln. Weit verbreitet an der Küste und an Binnengewässern, sogar in Großstädten.

> **TYPISCH** Die Lachmöwe ist die häufigste Möwe im Binnenland. Sie ist an großen Süßgewässern, Flussmündungen und Feuchtgebieten ebenso anzutreffen wie an der Küste. Ihre Nahrung sucht sie auch auf frisch gepflügten Feldern und Weiden. Ihre Rufe erinnern an spöttisches Gelächter – sie haben ihr den Namen Lachmöwe eingetragen.

❶ Sturmmöwe
Larus canus

STECKBRIEF 40–46 cm • Ähnelt Silbermöwe, jedoch kleiner und ohne roten Schnabelfleck • Beine gelbgrün • Ganzjährig an der Küste, auch an Seen und Parkgewässern • Brütet in Kolonien • Nester auf Böden mit niedrigem Pflanzenbewuchs • Oft große Schwärme auf umgepflügten Feldern.

❷ Zwergmöwe
Larus minutus

STECKBRIEF 24–28 cm • Kleinste Möwe Europas • Männchen im Brutkleid schwarzer Kopf, im Ruhekleid dunkles Oberkopfmuster • Flügeloberseite grau, Flügelspitzen abgerundet • Durchzügler an Nord- und Ostsee • Flug ähnlich Seeschwalbe • Fängt Insekten, kleine Fische und Krebse.

dunkle Flügel-
decken

Beine und Füße
fleischfarben

Jungvogel mit typisch geflecktem Kleid $\rightarrow$

Mantelmöwe

Larus marinus

Größe 61–74 cm
Merkmale Rücken und Flügel schwarz, Kopf, Schwanz und
Unterseite weiß, Schnabel kräftig und gelb, Beine fleisch-
farben. Jungvögel bräunlich.
Nahrung Fische, Krebse, Muscheln, Würmer, Eier, Jungvögel,
Aas und Abfälle.
Vorkommen Brutvogel an felsigen und steinigen Küsten.
Außerhalb der Brutzeit an Flachküsten, an der Nord- und
Ostseeküste ganzjährig anzutreffen.

$\rightarrow$ **TYPISCH** **Die Mantelmöwe ist die größte Möwe an unseren
Küsten. Sie erbeutet stoßtauchend Fische, wird aber häufiger
dabei beobachtet, wie sie Vögeln die Beute abjagt. Sie brütet oft
in anderen Möwenkolonien. Ihr Nest bauen Mantelmöwen etwas
erhöht, beide Eltern kümmern sich um die Jungvögel.**

schwarzer Kopf

roter Schnabel

weißes Gefieder

schlanker Körper

Nach einem Monat können → die Küken fliegen

Küstenseeschwalbe

Sterna paradisaea

Größe 33–39 cm
Merkmale Körper sehr schlank, Flügel lang und spitz ausge-
zogen, Schwanz tief gegabelt. Gefieder überwiegend weiß,
Flügeldecken grau, Kopf schwarz, Schnabel und Beine rot.
Nahrung Kleine Fische, Krebstiere, Insekten, Larven und
Würmer.
Vorkommen Brutkolonien auf Sand- und Kiesstränden,
mehrere große Kolonien an der Nordseeküste, an der Ost-
seeküste seltener.

Auf ihrem Zug bewältigen Küstenseeschwalben riesige
Entfernungen. Europäische Vögel ziehen in ihre Überwin-
terungsgebiete bis zum Südpolarmeer und legen dabei
jährlich über 20 000 km zurück. Anfang Herbst brechen
die Seeschwalben auf ihren langen Zug in die Antarktis

↑ Im Flug fällt der gegabelte Schwanz auf.

↑ Brütende Seeschwalbe auf dem Nest

auf. Sie fliegen entlang der Küsten Europas und Afrikas und überqueren den Atlantik. Nach dem langen Heimflug treffen bei uns brütende Vögel Mitte April wieder ein. Küstenseeschwalben brüten auf küstennahen kurzrasigen oder sandigen Böden in Kolonien mit anderen Seeschwalben oder Möwen. In die Nestmulde legen sie meist 3 Eier, die sie ebenso wie die Küken mit aggressiven Sturzflügen und Schnabelhieben gegen Angreifer verteidigen. Küstenseeschwalben können über 20 Jahre alt werden.

→ **TYPISCH** Bei der Jagd fliegt die Küstenseeschwalbe über die Wasseroberfläche, um sich dann plötzlich kopfüber im steilen Winkel ins Wasser zu stürzen und sich einen Fisch zu schnappen. Dabei taucht sie für kurze Zeit vollständig ins Wasser ein.

schwarze Kopfkappe

graue Flügel-
decken

gelber
Schnabel

Bodennest mit Eiern →

Zwergseeschwalbe
Sternula albifrons

Größe 21–25 cm
Merkmale Schnabel gelb mit schwarzer Spitze, Beine gelb,
Gefieder überwiegend weiß mit schwarzer Kopfkappe und
grauen Flügeldecken.
Nahrung Kleine Fische, Insekten und Krebstiere.
Vorkommen Brutvogel an Sand- und Kiesstränden. Zur Zug-
zeit im Frühjahr und Herbst an der ganzen Küste, nie in
größerer Zahl.

> **TYPISCH** Die Zwergseeschwalbe ist die kleinste Seeschwalbe
Europas und ein wendiger Flugkünstler. An unseren Küsten ist ihr
Brutbestand akut bedroht, da die meisten Sandstrände touristisch
genutzt werden und nicht mehr als Brutplatz zur Verfügung stehen.
Kolonien der Zwergseeschwalbe gibt es deshalb nur noch in Schutzge-
bieten. Die Hauptwinterquartiere liegen im tropischen Westafrika,
teils auch in Südafrika. Die Vögel ziehen meist entlang der Küsten.

schwarze, struppige
Kopfkappe

langer, schwarzer
Schnabel mit
gelber Spitze

Wendige Flieger über dem Meer →

Brandseeschwalbe

Thalasseus sandvicensis

Größe 37–43 cm
Merkmale Schnabel lang und schwarz mit gelber Spitze,
Beine kurz und schwarz, Kopfhaube ebenfalls schwarz und
struppig.
Nahrung Vor allem kleine Fische, auch Würmer und Insekten.
Vorkommen Brutkolonien auf Sand- und Kiesbänken, be-
sonders auf Vogelschutzinseln. Außerhalb der Brutzeit in
fischreichen Küstengewässern.

→ **TYPISCH** Brandseeschwalben sind die größten Seeschwalben an unseren Küsten. Sie fliegen auf Nahrungssuche oft weit
aufs offene Meer hinaus. Dabei fliegen sie höher als andere Seeschwalben und stürzen sich von weit oben auf ihre Beutefische.
Zur Brutzeit bilden sie dichte Kolonien. Während der auffälligen
Balz recken sie ihre Köpfe, heben ihre Flügel an und überreichen
einander kleine Fische.

langer, roter
Schnabel

rote Beine

Brütet 3 Eier aus →

Austernfischer

Haematopus ostralegus

Größe 39–44 cm
Merkmale Strandvogel mit schwarz-weißem Gefieder, leuchtend rotem Schnabel und roten Beinen.
Nahrung Ringelwürmer, Krebs- und Muscheltiere, Insekten.
Vorkommen Küstenbewohner, brütet vor allem an Sand- und Kiesstränden an der Nord- und Ostseeküste. Auch auf Wiesen und Weiden in Küstennähe.

Mit seinen lauten Rufen ist der Austernfischer der Charaktervogel vieler Küsten. Sein Flugruf ist ein lautes und anhaltendes »Kiwiep«. Das kontrastreiche schwarz-weiße Gefieder und der lange, rote Schnabel brachten ihm den Spitznamen »Halligstorch« ein. Er stochert nach Muscheln, Schnecken, Krebsen, Würmern und Insekten. Jedes Tier bevorzugt dabei eine eigene Taktik, und die kann man an

↑ Im Flug besonders gut zu sehen: der Schwarz-Weiß-Kontrast des Gefieders

↑ Flügger Jungvogel

der Schnabelform erkennen. Austernfischer mit zugespitzten Pfriemschnäbeln stochern nach Würmern im Boden. Mit einem Meißelschnabel ausgerüstete Tiere stoßen blitzschnell in leicht geöffnete Muscheln und meißeln diese förmlich auf, um an das Muschelfleisch zu kommen. Vertreter vom Typ »Hammerschnabel« zertrümmern mit gezielten Schnabelschlägen die Schalen der Muscheln. Austern frisst der Austernfischer allerdings nicht, sie sind zu groß und ihre Schalen sind zu dick.

> **TYPISCH** Der Austernfischer ist bei uns vor allem an der Nordseeküste und im küstennahen Binnenland verbreitet. Entlang der größeren Stromtäler von Rhein, Ems, Weser und Elbe zieht der Austernfischer bis tief ins Binnenland. Seine Brutplätze liegen auf Fels-, Kiesel- oder Sandstränden an Seen, Flüssen und am Meer.

Federschweif — am Kopf

schwarze Brust

weiße Unterseite

Flugbild mit breiten, runden Flügeln →

Kiebitz

Vanellus vanellus

Größe 28–32 cm

Merkmale Körper kräftig und gedrungen mit charakteristischem Federschweif am Kopf und spitzem Schnabel. Oberseite schwarz-grün glänzend, Brust schwarz, Unterseite weiß. Im Flug breite, runde Flügel.

Nahrung Insekten, deren Larven, Regenwürmer, Samen, Früchte.

Vorkommen Brutvogel auf Feuchtwiesen, in Mooren und Marschlandschaften, an der Küste häufig.

→ **TYPISCH** Unverkennbare Merkmale des Kiebitz sind der taumelnde Balzflug im Frühjahr und der Ruf, der wie »kiewitt« klingt und dem Kiebitz seinen Namen gab. Außerdem ist während seines tanzartigen Balzflugs sein charakteristisches Flügelgeräusch deutlich zu hören. Seine Eier legt er in eine Bodenmulde. Wichtig für den Kiebitz ist die Erhaltung naturnaher Lebensräume, die Renaturierung von Auen und von Feuchtwiesen.

① Sandregenpfeifer
Charadrius hiaticula

STECKBRIEF 17–20 cm • Körper gedrungen, kurzer Schnabel • Unterseite weiß mit breitem, schwarzem Kropfband • Brutvogel auf Kies- und Sandstränden der Nord- und Ostseeküste • Läuft mit sehr schnellen Schritten über den Strand • Braucht ungestörte Strandabschnitte zur Brut und Aufzucht der Jungen.

② Seeregenpfeifer
Charadrius alexandrinus

STECKBRIEF 15–17 cm • Schlanker als der Sandregenpfeifer und am Kopf weniger kontrastreich gefärbt • Typischer Strandvogel der Nord- und Ostseeküste, überwintert in Nordafrika • Selten und stark gefährdet • Brütet in ungestörten Strand- und Dünenbereichen, die durch touristische Nutzung selten geworden sind.

① Alpenstrandläufer
Calidris alpina

STECKBRIEF 17–21 cm • Langer Schnabel, an der Spitze etwas abwärts gebogen • Frisst Insekten, Würmer, Muscheln, Schnecken und Krebse • Zugvogel, rastet im Frühjahr und vor allem im Herbst in großer Zahl im Wattenmeer, um sich Energiereserven für den Weiterflug anzufressen • Brütet in der Tundra.

② Zwergstrandläufer
Calidris minuta

STECKBRIEF 14–15 cm • Zierlicher Strandvogel • Durchzügler an der Küste im Spätsommer und Herbst, brütet in der arktischen Tundra, überwintert in Südeuropa und Afrika • Trippelt bei der Nahrungssuche hektisch umher • Frisst Insekten, Würmer und Schnecken • Zur Zugzeit häufig in kleinen Trupps.

gemusterte
Oberseite

gerader
Schnabel

Männchen im rost-
braunen Brutkleid

Außerhalb der Brutzeit im hellen →
Ruhekleid

Knutt

Calidris canutus

Größe 23–26 cm
Merkmale Körper gedrungen, etwa drosselgroß mit kurzem,
geraden Schnabel. Männchen im Brutkleid überwiegend
rostbraun gefärbt, Oberseite kontrastreich gemustert, im
Ruhekleid mit hellgrauer Ober- und weißer Unterseite.
Nahrung Weich- und Krebstiere, im Brutgebiet auch Insekten.
Vorkommen Durchzügler an der Küste im Spätsommer und
Herbst, brütet in der arktischen Tundra.

→ **TYPISCH** Knutts ziehen durch das Wattenmeer und bilden
riesige, dichte Schwärme (»Wolken«), die in Bodennähe eine gestreckte, in der Höhe mehr eine ovale Form annehmen. Der Vogel
frisst auf dem Zug kleine Muscheln, Schnecken und Krebse. Er legt
energiereiche Fettreserven von mindestens einem Drittel seines
Körpergewichts an, um für den langen Zug vorbereitet zu sein.

❶ Sanderling
Calidris alba

18–21 cm • Körper gedrungen • Schnabel gerade und schwarz • Bauchseite hell • Durchzügler an unseren Küsten im Herbst, Brutvogel in der arktischen Tundra, Wintergast in Mittel- und Westeuropa • Laufen oft mit sehr schnellen Trippelschritten unmittelbar an der Wasserlinie entlang.

❷ Meerstrandläufer
Calidris maritima

19–22 cm • Männchen im Brutkleid: Rücken schwärzlich, rostbraun und weißlich gemustert • Im Ruhekleid überwiegend dunkel braungrau, Bauch hell • Wintergast in kleinen Trupps • Bevorzugt steinige Küsten, auch auf Steinbuhnen oder Molen • Brütet im nördlichen Skandinavien.

Kopf schwarz-weiß gezeichnet

Männchen im Brut-kleid mit gescheckter Oberseite

Im Ruhekleid mit heller Unter- und dunkler Oberseite →

Steinwälzer

Arenaria interpres

Größe 22–24 cm
Merkmale Körper kurzbeinig mit auffälliger Zeichnung. Männchen im Brutkleid Oberseite schwarz, weiß und braun gescheckt, Kopf, Hals und Brust schwarz-weiß; im Ruhekleid oben dunkel, unten hell.
Nahrung Krebse, Muscheln und Schnecken, Ringelwürmer, aber auch Abfälle und Aas.
Vorkommen Durchzügler im Sommer und Herbst, brütet an steinigen Küsten in Skandinavien.

→ **TYPISCH** Der Steinwälzer verdankt seinen Namen einer besonderen Technik bei der Futtersuche. Er stöbert die Beute auf, indem er seinen kegelförmigen, seitlich zusammengedrückten Schnabel unter Tang oder Steine schiebt und diese durch einen heftigen Ruck wendet oder auf die Seite kippt. Da Steinwälzer relativ zutraulich sind, kann man ihnen in Ruhe bei ihrer Arbeit zuschauen.

langer, abwärts gebogener Schnabel

geflecktes Gefieder

lange Beine

Gelege in einer Bodenmulde →

Brachvogel
Numenius arquata

Größe 48–57 cm
Merkmale Körper groß mit langen Beinen und langem, stark abwärts gebogenem Schnabel. Gefieder braun, dunkel gefleckt.
Nahrung Insekten und deren Larven, Schnecken, Regenwürmer, Krebstiere.
Vorkommen Wiesen, Sümpfe und Moore, auf dem Durchzug häufig im Wattenmeer.

→ **TYPISCH** Der Brachvogel (früher »Großer Brachvogel«) ist der größte Watvogel Europas. Mit seinem langen Schnabel stochert er in Wiesen und auf Schlamm- und Wattflächen nach Kleintieren. Zur Brutzeit braucht er weiträumige Feuchtwiesen und Moorflächen. Da viele dieser Lebensräume zerstört sind und in Ackerland umgewandelt wurden, ist sein Bestand in Mitteleuropa stark zurückgegangen. Zur Zugzeit ab Ende Juli bis zum Wintereinbruch kommen viele nordische Vögel an die Küste und ins Wattenmeer.

schwarz-weißes Gefieder

langer,
aufwärts
gebogener
Schnabel

Die Küken sind Nestflüchter →

Säbelschnäbler

Recurvirostra avosetta

Größe 42–46 cm
Merkmale Schnabel lang und deutlich aufwärts gebogen,
schwarz-weißes Gefieder und lange, blaugraue Beine.
Nahrung Insekten, Krebstiere und Würmer.
Vorkommen Salz- und Brackwasser mit schlammigen Ufern,
Brutvogel auf Salzwiesen, Stränden, auch an der Nordseeküste.

→ **TYPISCH** Kennzeichnend für den Säbelschnäbler ist das
Seitwärts-„Säbeln" im Flachwasser bei der Nahrungssuche. Dazu
streicht er mit seinem Schnabel in weiten Bögen flach an der
Wasser- und Bodenoberfläche entlang und seiht Würmer und
andere kleine Tiere aus. Ihr Nest bauen die Vögel als Mulde
zwischen Grasbüscheln und niedrigem Gestrüpp in Wassernähe,
oft brüten sie in Kolonien. Während der Brut und der Jungenauf-
zucht sind Säbelschnäbler recht aggressiv und fliegen vehemente
Scheinangriffe gegen Eindringlinge.

langer Schnabel

Männchen im Brutkleid rostbraun gefärbt

Im Ruhekleid unauffällig gefärbt →

Pfuhlschnepfe

Limosa lapponica

Größe 33–41 cm
Merkmale Hochbeiniger als die Uferschnepfe. Schwanz eng quer gebändert. Männchen im Brutkleid: Kopf, Brust und Bauch rostbraun. Im Ruhekleid überwiegend grau.
Nahrung Insekten, Ringelwürmer, Krebstierchen, Weichtiere.
Vorkommen Brutvogel in nordischen Sümpfen und Tundren. Regelmäßiger, in manchen Jahren recht zahlreicher Durchzügler im Wattenmeer, vor allem im Sommer und Herbst. Einige Vögel wandern sogar bis nach Südafrika.

→ **TYPISCH** Pfuhlschnepfen rasten auf ihrem Zugweg im Wattenmeer und sammeln sich in kleinen Trupps, manchmal aber auch zu Tausenden. Sie rasten in unmittelbarer Nähe zum Wasser und stochern auf den Schlickwatten nach Nahrung. Mit ihrem besonders langen Schnabel erbeuten sie auch Muscheln und Würmer, die tief im Boden sitzen.

langer, gera-
der Schnabel

Männchen im Brutkleid:
Kopf und Brust rotbraun

Legt 3–4 Eier →

Uferschnepfe

Limosa limosa

Größe 37–42 cm
Merkmale Schnabel sehr lang und gerade. Beim Männchen im Brutkleid Kopf und Brust rostbraun; im Ruhekleid grau statt rostbraun.
Nahrung Käfer, deren Larven, Schnecken und Ringelwürmer.
Vorkommen Brutvogel auf Feuchtwiesen, in Küstenmarschen und Mooren in Mittel- und Osteuropa, bei uns in der norddeutschen Tiefebene. Außerhalb der Brutzeit häufig an der Küste.

→ **TYPISCH** Die Uferschnepfe ist in Deutschland in ihrem Bestand bedroht. Sie brütet bei uns heute vorwiegend auf Feuchtwiesen mit extensiver Nutzung. Uferschnepfen bauen im hohen Gras ein Bodennest. Ihr Balzverhalten ist sehr auffällig: Mit aufgefächerten Schwanzfedern stolzieren die Männchen um die Weibchen herum.

roter Schnabel mit
schwarzer Spitze

rote, lange Beine

Fliegen zum Überwintern bis
nach Afrika →

Rotschenkel

Tringa totanus

Größe 24–27 cm
Merkmale Beine lang und auffallend leuchtend rot, Schnabel ebenfalls rot mit schwarzer Spitze; Oberseite bräunlich. Im Flug erkennbar am weißen Hinterrand des Flügels.
Nahrung Käfer und deren Larven, Schnecken und Ringelwürmer.
Vorkommen Brutvogel auf Wiesen und in sumpfigen Niederungen an der Nord- und Ostseeküste. Auch außerhalb der Brutzeit an Flachküsten und in binnenländischen Feuchtgebieten.

→ **TYPISCH** Häufig sieht man den Rotschenkel auf Pfählen oder anderen erhöhten Standorten sitzen. Gefährdet wird die Art durch die zunehmende Entwässerung und intensive Bewirtschaftung von Grünland. Weil der Lebensraum fehlt, kann der Rotschenkel seine Jungen nicht mehr erfolgreich aufziehen.

braun gefleckte
Oberseite

langer
Schnabel

grüne Beine

Im Flug deutlicher weißer →
Keil am Rücken

Grünschenkel

Tringa nebularia

Größe 30–34 cm
Merkmale Körper sehr schlank und hochbeinig mit schma-
lem, langem, leicht aufwärts gebogenem Schnabel und lan-
gen, grünen Beinen. Oberseite bräunlich, Unterseite weiß.
Nahrung Wasserinsekten, kleine Fische, Frösche, Krebs- und
Weichtiere.
Vorkommen Brutvogel in feuchten Mooren und Sümpfen,
auf Heideflächen und in der Tundra, jedoch immer in der
Nähe von Wasser. Außerhalb der Brutzeit in kleinen Trupps
oder einzeln an flachen Meeresküsten, Fluss- und Seeufern.

→ **TYPISCH** Grünschenkel suchen ihre Nahrung häufig im
flachen Wasser. Dazu rennen sie mit leicht geöffnetem Schnabel
hinter kleinen Fischen her oder fangen kleine Beutetiere auf der
Wasseroberfläche. Sie legen bis zu 4 Eier in eine kleine Bodenmulde.
Diese werden fast ausschließlich von den Männchen bebrütet.

graubraunes Gefieder
mit hellem Saum

orangefarbener
Schnabel

Die Küken sind Nestflüchter →

Graugans

Anser anser

Größe 74–84 cm
Merkmale Körper groß und kräftig, Schnabel orange, Gefieder graubraun und hell gesäumt. Im Flug an den auffallend
silbergrauen Vorderkanten der Flügel zu erkennen.
Nahrung Gräser, Wurzeln und Kräuter; im Herbst und Winter auch auf Mais- und Getreidefeldern.
Vorkommen Brutvogel an Binnenseen und an der Küste,
überwintert rund um die Nord- und Ostsee.

Graugänse sind Zugvögel, die für gewöhnlich im Winter
nach Süden ziehen. Auf ihrem Zug bilden sie eine charak-
teristische V-Formation. Graugänse sind bei uns in fast allen
Feuchtgebieten anzutreffen, am Parkteich, auf Flüssen, an
der Küste oder an großen Seen. Die Vögel bauen große,
lockere Nester aus Pflanzenmaterial, meist nahe am Wasser.

↑ Oft vergesellschaftet mit der Kanadagans

↑ Graugänse fliegen lange Strecken

Zur Brutzeit sondern sich die Paare ab und sind aggressiv gegenüber anderen Artgenossen. Die Familie hält den Herbst und den Winter über eng zusammen.
Die Graugans ist nach der Kanadagans (Branta canadensis) die zweitgrößte Gans in Deutschland. Letztere stammt aus dem Norden Amerikas und hat sich in Deutschland sehr erfolgreich eingebürgert. Mittlerweile ist sie bei uns nach der Graugans die zweithäufigste Art.

→ **TYPISCH** Graugänse bleiben immer häufiger das ganze Jahr über bei uns. Wird es zu kalt, ziehen sie Richtung Süd- und Westeuropa. Gebietsweise leben Graugänse ganzjährig als halbzahme Parkvögel, oft zusammen mit Kanadagänsen und mitten in der Stadt.

❶ Ringelgans
Branta bernicla

55–62 cm • Gefieder dunkel mit weißem Hals-ring • Brutvogel auf Grönland und Spitzbergen • Durchzügler und Wintergast an der Küste und im Wattenmeer • Frisst Al-gen, Seegras, Salzwiesenpflanzen • Die Halligen feiern die Ankunft der Gänse im Frühjahr mit den Ringelganstagen.

❷ Weißwangengans
Branta leucopsis

58–70 cm • Gesicht auffallend weiß im Kontrast zum schwarzen Hals • Auch »Nonnengans« genannt • Über-wintert an der Nordseeküste und im Wattenmeer • Leben vegetarisch • Rasten auf Salzwiesen • Schließen sich häufig anderen Gänsearten an, beispielsweise Ringelgänsen.

schwarzgrüner Kopf

kontrastreiches Gefieder

breite, rostrote Binde am Vorderrücken

Eine Brandente hat 7–12 Küken →

Brandente · Brandgans

Tadorna tadorna

Größe 55–65 cm

Merkmale Gefieder sehr kontrastreich, Kopf und Hals schwarz-grün, Brust und Vorderrücken mit breiter, rostroter Binde, übriger Körper schwarz-weiß. Große Ente mit gänseartiger Gestalt.

Nahrung Muscheln, Würmer, Schnecken und Insekten, seltener auch Wasserpflanzen.

Vorkommen Brutvogel an der Nord- und Ostseeküste, nistet in alten Kaninchenbauten, unter Gebäuden, in Höhlen.

→ **TYPISCH** Ihre Nahrung suchen Brandenten im Sand- und Schlickwatt, wo sie vor allem Wattschnecken und Herzmuscheln fressen. Im Spätsommer versammeln sich rund 200 000 Brandenten zwischen Eider und Weser, um dort zu mausern. Sie können mehrere Wochen lang nicht fliegen und sind dann sehr störungsempfindlich und auf die reichhaltige Nahrung im Wattboden angewiesen.

flache Stirn

Männchen im Brutkleid
schwarz-weiß gezeichnet

Weibchen: braun gebändert →

Eiderente

Somateria mollissima

Größe 60–70 cm
Merkmale Körper groß und massig, auffallend flache Stirn.
Männchen im Brutkleid kontrastreich schwarz und weiß ge-
zeichnet, Weibchen braun mit dunkler Bänderung.
Nahrung Miesmuscheln, Herzmuscheln und Strandkrabben.
Vorkommen Brutvogel an der Nordseeküste, an Nord- und
Ostsee große Mauser- und Winterbestände.

→ **TYPISCH** Eiderenten können sehr gut tauchen und erbeuten
unter Wasser vor allem Miesmuscheln. Dazu brauchen sie viel
Energie und nehmen täglich etwa ein Drittel ihres Körpergewichts
an Nahrung auf. Das Nest wird mit weichen Daunenfedern ausge-
polstert. Früher war die Eiderente vor allem durch das Sammeln
der Daunen und Eier gefährdet. Heute setzen ihr die Meeresver-
schmutzung sowie die Muschel- und Stellnetzfischerei zu.

❶ Samtente

Melanitta fusca

STECKBRIEF 51–58 cm • Männchen fast schwarz • Weibchen dunkelbraun mit je 1 hellen Fleck an jeder Kopfseite • Brütet in Skandinavien • Durchzügler und Wintergast an der Nord- und Ostseeküste • Tauchen nach Muscheln und anderen Bodentieren • Im Winter oft in Gesellschaft von Eiderenten.

❷ Eisente

Clangula hyemalis

STECKBRIEF 39–47 cm • Männchen mit langen Schwanzspießen, je nach Jahreszeit verschieden gefärbt • Brütet in Skandinavien • Wintergast an der Ostsee • Meist küstenfern auf dem Meer • Tauchen nach Muscheln, Schnecken, Krebsen • Verfangen sich häufig in Stellnetzen und ertrinken dann.

❶ Seeadler
Haliaeetus albicilla

STECKBRIEF 76–92 cm • Bis zu 2,5 m Flügelspannweite
• Größter europäischer Adler • An Küsten und Seenland-
schaften • Symbol für intakte fischreiche Naturlandschaften
• Jahrhundertelang verfolgt und fast ausgerottet, heute
wieder Brutpaare im Norden und an der Ostseeküste.

❷ Kormoran
Phalacrocorax carbo

STECKBRIEF 80–100 cm • Körper plump mit kurzen, weit
hinten ansetzenden Schwimmbeinen • Langer, am Ende ha-
kenförmig gebogener Schnabel • Brutvogel an Küsten, auch
an der Ostsee • Ausgezeichneter Taucher, jagt Fische • Trocknet das ungefettete Gefieder mit ausgebreiteten Flügeln.

schwarz-weiß-roter Kopf

langer, weißer Hals

lange Beine

Ein besonderes Naturschauspiel: →
der Kranichzug

Kranich

Grus grus

Größe 96–116 cm
Merkmale Schreitvogel mit langem, weißem Hals und langen Beinen. Gefieder überwiegend grau, schwarz-weiß-rotes Kopfmuster.
Nahrung Pflanzen, Insekten und Würmer.
Vorkommen Während der Zugzeit im Frühjahr und Herbst Rastvogel an der Ostseeküste.

→ **TYPISCH** Während der Balz und auch bei Aufregung führen Kraniche besondere Tänze vor, bei denen sie Köpfe und Schnäbel hoch in die Luft recken und ihre trompetenden Rufe hören lassen. An der Ostseeküste und in der Mecklenburgischen Seenplatte rasten zur Zugzeit zahlreiche Kraniche. Sie brüten in Moorgebieten, Verlandungszonen, Bruchwäldern und Sumpfgebieten. Ihre Nester polstern sie mit viel Pflanzenmaterial aus.

FISCHE
schneller bestimmen

Fische leben im Wasser und atmen über Kiemen. Die meisten haben ein knöchernes Skelett, nur Knorpelfische wie Haie und Rochen haben ein knorpeliges Skelett. Wir haben die Knochenfische nach ihrer Form in 2 Gruppen eingeteilt.

AB SEITE 45
Typische Fische

Sie sind spindelförmig und tragen Schuppen auf der Haut.
→ Kabeljau, Hering, Makrele und viele andere Fischarten gehören in diese Kategorie.

Prüfe zunächst, ob der Fisch einen spindelförmigen Körper hat, ob er ein Plattfisch ist oder ob er zu den Knorpelfischen (Rochen und Haie) gehört.

AB SEITE 52
Plattfische

Sie leben meist am Boden und tarnen sie sich zusätzlich, indem sie die Farbe des Untergrunds annehmen.

Dann blätterst du zu der Seite, ab der die jeweilige Gruppe beschrieben ist.

AB SEITE 54
Rochen, Haie

Rochen sind flach und haben große Brustflossen.
→ Haie erkennt man an ihren 5–7 Kiemenspalten.

Oberseite dunkel
marmoriert

Unterseite hell

Maul mit auffälligem Tastfaden →

Kabeljau · Dorsch

Gadus morhua

Größe Bis 2 m lang
Merkmale Oberkiefer vorstehend, Unterkiefer mit kräfti-
gem Bartfaden, mit dem der Fisch den Meeresboden nach
Fressbarem abtastet. Oberseite oliv bis braun, dunkler
marmoriert, Bauch weiß, Seitenlinie hell.
Nahrung Muscheln, Krebse, Sprotten und Heringe.
Vorkommen Nordatlantik, Nordsee, Ostsee.

TYPISCH Der Kabeljau kann bis zu 2 m lang und über 40 kg
schwer werden. Exemplare über 100 cm sind jedoch selten geworden. Der Kabeljau lebt bodennah. Dorsch heißt er, bis er bereit
zum Laichen ist, dann wird er zum Kabeljau. Nur in der Ostsee
behält er seinen Mädchennamen zeitlebens bei. Einst war der
Atlantische Kabeljau einer der wichtigsten Meeresfische überhaupt,
heute sind die Bestände durch Überfischung stark geschrumpft.

45

Körper silbrig schimmernd

Bauchflosse hinter
Rückenflossenansatz

Bilden große Schwärme →

Hering

Clupea harengus

Größe Bis 40 cm lang
Merkmale Körper schlank, Bauchflosse hinter Rückenflossenansatz. Rücken blaugrün mit violettem Schein, Seiten und Bauch silbern.
Nahrung Kleine Planktontiere, vor allem Ruderfußkrebse.
Vorkommen Im Freiwasser in Nordatlantik, Nord- und Ostsee.

→ **TYPISCH** Mithilfe ihrer reusenartigen Kiemen filtern die Heringe Plankton aus dem Wasser. Sie selbst sind eine begehrte Beute für viele Raubfische, Robben und Wale. Heringsfang hat in Nord- und Ostsee eine lange Tradition. Das »Silber des Meeres« brachte Fischer, Salzhändler und Böttcher in Lohn und Brot. In den 1960er-Jahren holte die Heringsindustrie Rekorderträge aus Nordsee und Atlantik. Anfang der 1970er-Jahre war der einst größte Heringsbestand der Welt fast völlig vernichtet. Heute gibt es nachhaltig befischte Bestände, die das blaue MSC-Siegel tragen.

silbergraue
Schuppen

Brustflossen weit
oben am Körper

Oberlippe wulstartig vergrößert ⟶

Meeräsche

Chelon labrosus

Größe Bis 80 cm lang
Merkmale Körper lang gestreckt. Maul klein mit wulstartig
vergrößerter Oberlippe.
Nahrung Algen, Unterwasserpflanzen und Kleintiere.
Vorkommen Nordsee und westliche Ostsee.

→ TYPISCH Meeräschen breiteten sich in den letzten Jahr-
zehnten stetig in Richtung Norden aus. Noch in den 1960er-Jahren
tauchten sie in der Nordsee nur als seltener »Irrgast« auf, heute
tummeln sich im Sommer sogar vor Deutschlands nördlichster
Insel so viele, dass die »Sylter Meeräsche« zur regionalen Spezia-
lität aufgestiegen ist. Die Äschen mögen das flache warme Wasser im Wattenmeer und finden hier reichlich Algennahrung. Mit
dem Klimawandel erwärmt sich auch die Nordsee und lockt neben
den Meeräschen noch andere südliche Arten wie Streifenbarben,
Sardinen und Sardellen an.

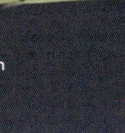

Maul schnabelartig

Körper lang und dünn

Schneller Jäger $\longrightarrow$

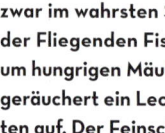

Hornhecht

Belone belone

Größe Bis 90 cm lang
Merkmale Körper sehr schlank. Schnabelartiges, verlänger-
tes Maul mit zahlreichen, nadelspitzen Zähnen.
Nahrung Jagen kleine Fische.
Vorkommen Nordsee und Ostsee bis zu den Ålandinseln.

→ TYPISCH Hornhechte jagen auf hoher See pfeilschnell kleine
Fische. Doch im Frühjahr wandern sie zum Laichen an die Küsten
und tauchen auch im Wattenmeer und in der Ostsee auf – und
zwar im wahrsten Sinn des Wortes. Denn Hornhechte – Verwandte
der Fliegenden Fische – können weit aus dem Wasser springen,
um hungrigen Mäulern zu entkommen. Zerlegt man den Fisch, der
geräuchert ein Leckerbissen ist, fallen vor allem seine grünen Grä-
ten auf. Der Feinschmecker hat daran allerdings wenig Freude, da
Hornhechte allzu reichlich damit gespickt sind. Dennoch werden sie
im Frühsommer gern geangelt oder mit Reusen gefangen.

sandfarben mit
dunklen Flecken

lang gestreckter
Körper

Ähnlich: die nahe verwandte →
Strandgrundel

Sandgrundel

Pomatoschistus minutus

Größe Bis 9 cm lang
Merkmale Körper sandfarben-bräunlich mit unregelmäßiger
dunklerer Musterung. Bauchflossen zu Saugscheibe verwachsen.
Nahrung Krebse, Würmer und andere kleine Bodentiere.
Vorkommen Auf Sandböden. Nordsee und Ostsee bis zu
den Ålandinseln.

→ TYPISCH Grundeln sind kleine, unscheinbare Fischchen und
wichtige Beutetiere für größere Fische, auch für wirtschaftlich
bedeutende Arten wie Kabeljau. Sie leben im Meer, die Jungtiere
sind auch im Brackwasser von Flüssen zu finden. Es gibt verschiedene Arten von Grundeln, die alle ähnlich aussehen. Besonders
schwer auseinanderzuhalten sind Sandgrundeln und Strandgrun-
deln (Pomatoschistus microps). Letztere sind kleiner und haben
eine ausgeprägte Vorliebe für das seichte Wasser in Strandnähe.

Flanken mit hellen Flecken

abgeflachter Körper

Auffällig großes, breites Maul →

Seeskorpion

Myoxocephalus scorpius

Größe Bis 30 cm lang
Merkmale Maul breit und groß, am Kopf viele Dornen, dunkelbraun, an den Flanken helle Flecke, Unterseite viel heller.
Nahrung Würmer, Krebstiere und Fische.
Vorkommen Auf bewuchsreichen Sand- und Felsböden. Nordsee und Ostsee bis zu den Ålandinseln.

> **TYPISCH** In urzeitlichen Meeren waren furchterregende Seeskorpione zu Hause: meterlange, gepanzerte Gliederfüßer. Ihre Namensvettern hingegen sind höchstens so lang wie ein Lineal. Mit ihrem großen bedornten Kopf und den Knochenhöckern auf dem Rücken sehen sie zwar auch ein bisschen urzeitlich aus, aber fürchten muss man die meist im Algenwald versteckt lebenden Fische nicht. Zur Paarungszeit bekommt das Männchen einen hochroten Bauch mit weißen Flecken. Nach der Befruchtung bewacht es den am Boden abgelegten Laichklumpen.

schuppenloser
Körper

Männchen orange gefärbt

Außerhalb der Laichzeit →
blaugrün gefärbt

Seehase

Cyclopterus lumpus

Größe Bis 70 cm lang
Merkmale Plumper Körper, blaugrün gefärbt, Männchen zur
Laichzeit leuchtend rotorange. Bauchflossen zu Saugnapf
umgewandelt. Haut ohne Schuppen, dick und lederartig.
Nahrung Kleine Fische, Krebse, Weichtiere, Rippenquallen.
Vorkommen Nordsee und Ostsee bis zu den Ålandinseln.

TYPISCH Seehasen leben auf felsigem Grund und saugen
sich am Boden fest, um nicht von starken Strömungen fortgespült
zu werden. Im Frühjahr legt das Weibchen einen großen rötlichen
Eiklumpen am Felsgrund ab, das Männchen bewacht die Eier, bis
die kaulquappenförmigen Jungtiere schlüpfen. Der Seehase
liefert einen Ersatz für den teuren Kaviar vom Stör. Dazu werden
seine kleinen, perlförmigen, rosafarbenen Eier (Rogen) schwarz
gefärbt und mit Salz und verschiedenen Zusatzstoffen versehen.

rotgefleckte Oberseite

Knochenhöcker am Kopf

Körper platt

Gut getarnt am Meeresboden →

Scholle

Pleuronectes platessa

Größe Bis zu 100 cm lang
Merkmale Körper deutlich abgeflacht, Haut glatt mit einer Reihe knöchriger Höcker hinter dem Auge. Oberseite graubraun mit roten Flecken, Unterseite weiß.
Nahrung Muscheln, Krebse und Würmer.
Vorkommen Grundfisch, häufig auf Sandboden. Nordsee bis nördliche Ostsee.

→ **TYPISCH** Schollen leben dicht am Meeresboden und sind auf dem Sand kaum zu entdecken. Die Jungschollen wachsen im warmen und vor größeren Räubern geschützten Flachwasser heran. Ähnlich sind Flunder (Platichthys flesus) und Kliesche (Limanda limanda). Anders als diese beiden Arten fühlt sich die Scholle völlig glatt an, nur über ihren Kopf verläuft eine Reihe von Knochenhöckern. Schollen sind beliebte Speisefische und werden intensiv befischt. Große alte Exemplare sind daher selten.

schwarz gefleckte
Oberseite

ovaler
Körper

Tarnen sich im Muschelschill →

Seezunge

Solea solea

Größe Bis zu 60 cm lang
Merkmale Körper oval, Oberfläche rau, graugrün bis
schwarzbraun, unregelmäßig schwarz gefleckt.
Nahrung Muscheln, Krebse und Würmer.
Vorkommen Grundfisch auf sandigem oder schlammigem
Boden. Nordsee bis westliche Ostsee.

TYPISCH **Die Seezunge frisst Bodentiere, die sie mit ihren
Barteln am Maul ertastet. Sie gehört zu den ältesten bekannten
Speisefischen, seit Jahrtausenden wird ihr zartes weißes Fleisch
geschätzt. Um sie zu fangen werden schwere Bodenschleppnetze
eingesetzt, die neben den Seezungen auch jede Menge Bodentiere einsacken und deutliche Spuren auf dem Meeresboden hinterlassen. Die Folge: In den Netzen befindet sich wesentlich mehr
„Beifang" als gewünschter Fang im Netz. Auf 1 kg Fisch kommen
bis zu 6 kg »Beifang«!**

Oberseite mit
großen Dornen

Flossen rautenförmig
zusammengewachsen

Eikapsel als Strandfund →

Sternrochen

Amblyraja radiata

Größe Bis zu 90 cm lang
Merkmale Körper stark abgeflacht, Kopf, Rumpf und Brust-
flossen rautenförmig zusammengewachsen, mit geriffelten
Dornen.
Nahrung Krebse, Weichtiere, Stachelhäuter, kleine Fische.
Vorkommen Nordsee bis westliche Ostsee.

→ TYPISCH Am Strand findet man die charakteristischen
schwarzen Eikapseln. Sie werden auch »Nixentaschen« genannt
und tragen lange Haftfäden, mit denen die Eier an Algen oder
Steinen befestigt werden. Der kleine Sternrochen ist noch vergleichsweise häufig, während die großen Rochenarten wie der
Nagelrochen stark befischt wurden und gefährdet sind. Rochen
gehören wie Haie zu den Knorpelfischen. Sie haben ein leichtes
Skelett aus Knorpel. Ihr Maul liegt als Querspalte auf der Unterseite des Körpers und ist mit stumpfen Mahlzähnen bestückt.

braun gefleckte
Oberseite

abgerundeter
Kopf

schlanker Körper

Eikapseln mit Haftfäden →

Katzenhai

Scyliorhinus canicula

Größe Bis zu 100 cm lang
Merkmale Körper schlank, braun gefleckt.
Nahrung Kleine Fische, Krebse und Weichtiere.
Vorkommen Nordsee bis Kattegat.

→ **TYPISCH** Katzenhaie jagen nahe am Meeresboden, ihre Zähne stehen in mehreren Reihen hintereinander im Kiefer. Die Haie bilden hellbraune, lang gestreckte Eikapseln, die mit langen Haftfäden an Algen befestigt werden. Auch diese Eikapseln findet man zuweilen am Strand. Ein Verwandter des Katzenhais, taucht als »Schillerlocke« in den Fischtheken auf. Es handelt sich dabei um die geräucherten Bauchlappen des Dornhais. Dieser gehört in der Nordsee zu den bedrohten Arten. Heute zählen Haie und Rochen zu den am stärksten bedrohten Tiergruppen überhaupt. Überfischte Bestände erholen sich nur sehr langsam, denn die Tiere werden spät geschlechtsreif und haben nur wenige Nachkommen.

WIRBELLOSE
schneller bestimmen

Wer keine Wirbelsäule hat, der gehört zu den Wirbellosen. Aber das ist auch schon fast das einzige Merkmal, das so grundverschiedene Gruppen wie Krebse oder Seeigel miteinander teilen. Die meisten der bekannten Tierarten gehören zu den Wirbellosen, im Meer sind dies beispielsweise Schwämme, Schnecken, Muscheln, Würmer, Krebse, Seesterne und Quallen.

Wir haben die Wirbellosen nach ihrem Körperbau in 4 Gruppen eingeteilt.

Prüfe, welchen Körperbau dein Fund hat. Dann weißt du, in welche Gruppe er gehört.

Blättere zu den Seiten, ab der die passenden Arten beschrieben sind.

AB SEITE 58
Weichtiere

Zu den Weichtieren gehören Muscheln, Schnecken und Tintenfische. Viele von ihnen bilden eine Schale aus, die ihr weiches Innenleben schützt. Typisch für Muscheln sind 2 Schalenhälften, während Schnecken in einem meist spiralig aufgedrehten Gehäuse sitzen.

→ Bei der Sepia ist die Schale zu einem Schulp reduziert, der wie ein kleines weißes Surfbrett aussieht und oft am Strand zu finden ist.

AB SEITE 70
Würmer und Krebse

Im Meeresboden tummeln sich viele wurmförmige Tiere, die nicht eng miteinander verwandt sind. Ihre Form eignet sich gut für das Leben im weichen Boden. Der bekannte Wattwurm gehört zu den Ringelwürmern, die aus vielen gleichförmigen Segmenten aufgebaut sind.
⟶ Krebse bevölkern vor allem das Meer, nur einige, wie die Kellerasseln, sind zum Landleben übergegangen. Krebse werden von einem Chitinpanzer geschützt und tragen Lauf- oder Schwimmbeine, manche auch Scheren.

AB SEITE 80
Stachelhäuter

Seeigel, Seesterne und Schlangensterne gehören zu den Stachelhäutern. Der Name dieser Gruppe kommt von dem dicht unter der Haut liegenden Skelett, das sich in viele stachelige Kalkplatten gliedert. Bei den Seeigeln sind sie zu einem festen Gehäuse verwachsen.
⟶ Typisch ist die fünfstrahlige Symmetrie des Körpers, die man bei den Seesternen mit ihren 5 Armen besonders gut erkennen kann.

AB SEITE 84
Quallen und Co.

Neben den Schirmquallen, mit deren Nesselfäden so mancher Badegast unangenehme Begegnungen hatte, gibt es weitere Gruppen, die fast oder ganz ausschließlich im Meer leben.
⟶ Einige Vertreter wie die Seeanemonen oder die Moostierchen sehen eher wie Pflanzen aus, sind aber räuberisch lebende Tiere.

blauschwarze
Oberhaut

vorne zugespitzt

Filtrierende Miesmuscheln
unter Wasser $\rightarrow$

Miesmuschel

Mytilus edulis

Größe Bis zu 10 cm lang
Merkmale Vorne zugespitzt, hinten gerundet, außen kräftige, blauschwarze Oberhaut, Innenseite aus glänzendem Perlmutt.
Nahrung Filtert Plankton sowie kleine organische Partikel aus dem Meerwasser.
Vorkommen Gezeitenzone und tiefer, auf Sand- und Fels-böden. Nordsee und Ostsee bis zu den Ålandinseln.

> → **TYPISCH** An dem kräftigen Fuß der Miesmuschel sitzt eine spezielle Drüse, die Klebfäden absondert. Mit ihnen spinnt sich die Muschel an Steinen, Pfählen oder anderen Muschelschalen fest. So können große Muschelbänke entstehen. Ein Quadratme-ter Miesmuschelbank kann innerhalb 1 Stunde bis zu 140 Liter Wasser filtern. Eine einzelne ausgewachsene Muschel schafft bis zu 2 Liter pro Stunde. Muschelbänke sind ein reich strukturierter Lebensraum für eine Vielzahl von Arten.

❶ Europäische Auster

Ostrea edulis

STECKBRIEF Bis 15 cm lang • Schalenklappen ungleich gewölbt mit stark geschuppter Oberfläche, Farbe variabel • Auf Sand- und Felsböden • Im Wattenmeer der Nordsee gab es große Austernbänke, die intensiv genutzt wurden. Durch Überfischung sind die Bestände fast erloschen.

❷ Pazifische Auster

Crassostrea gigas

STECKBRIEF Bis 20 cm lang • Schalen oval bis länglich, stark geschuppte Oberfläche • Zuchtauster aus Japan, heute als eingeschleppte Art auch wild im Wattenmeer der Nordsee • Robuster und kräftiger als ihre europäische Verwandte • Breitet sich dank ihrer freischwimmenden Larven aus.

feine Wachstumsringe

schwarze Oberhaut

Das Schalenschloss hält die beiden
Klappenhälften zusammen →

Islandmuschel

Arctica islandica

Größe Bis zu 12 cm breit
Merkmale Schalenklappen kräftig und stark gewölbt, mit
feinen Wachstumsringen, dunkelbraun, mit schwarzer
Oberhaut überzogen.
Nahrung Filtert Plankton sowie kleine organische Partikel
aus dem Meerwasser.
Vorkommen Dauerflutzone auf Sand- und Schlickböden.
Nordsee bis Ostsee um Bornholm.

→ **TYPISCH** Islandmuscheln leben dicht unter der Wasseroberfläche. Sie können sehr alt werden: Vor Island fanden Forscher ein
über 400 Jahre altes Exemplar, das sie mithilfe der Wachstumsringe auf der Schale datieren konnten. In der Nordsee gibt es jedoch
immer weniger Islandmuscheln. Ursache ist die Fischerei mit Grund-
schleppnetzen, die zum Fang bodennah lebender Fische eingesetzt
werden und deutliche Spuren am Meeresboden hinterlassen.

① **Herzmuschel**

Cerastoderma edule

STECKBRIEF Bis 5 cm lang • Schale stabil, weißlich bis bräunlich, ausgeprägte flache Rippen • Gezeitenzone und tiefer auf Sand- oder Weichboden • Nordsee bis westliche Ostsee • Graben sich 1–2 cm tief ein. Durch eine Art Schlauch strudeln sie Wasser zum Atmen ein und filtern Nahrungspartikel heraus.

② **Dickschalige Trogmuschel**

Spisula solida

STECKBRIEF Bis 6 cm lang • Schalen oval und kräftig, weiß, grau bis bräunlich, auch gestreift • Außen mit feinen Wachstumsstreifen, innen glatt mit deutlichen Muskelabdrücken • Gezeitenzone und tiefer auf Sandboden. Nordsee bis Kattegat • Dicke Schalen häufig unversehrt am Strand zu finden.

① Sägezähnchen
Donax vittatus

STECKBRIEF Bis 3 cm lang • Schalen länglich bis dreieckig, glänzend braun bis cremefarben • Außenrand fein gezähnt, daher der Name • Gezeitenzone bis etwa 50 m Tiefe auf Sandboden • Nordsee, Skagerrak • Mit ihrem muskulösen Fuß graben sie sich rasch wieder ein, wenn sie freigespült werden.

② Plattmuschel · Rote Bohne
Limecola balthica

STECKBRIEF Bis 3 cm lang • Schale dreieckig bis oval, gelb, weiß, orange oder rot gefärbt • Gezeitenzone bis etwa 15 m Tiefe in Sand- und Schlickböden • Nordsee und Ostsee bis um die Ålandinseln • Mehrere Zentimeter tief im Boden vergraben. Halten über 2 Schläuche Kontakt zur Oberfläche.

ovale Schalenklappen

konzentrische Wachs-tumsstreifen

linke Klappe mit löffelartigem Fortsatz

Freigespülte Muschel mit Sipho $\longrightarrow$

Sandklaffmuschel

Mya arenaria

Größe Bis 15 cm lang

Merkmale Schalenklappen kräftig, oval, weißlich mit konzentrischen Streifen. Am Hinterende klaffen die Schalen auseinander, daher der Name. Linke Klappe mit löffelartigem Fortsatz.

Nahrung Filtert Nahrungspartikel aus dem Meerwasser.

Vorkommen Gezeitenzone und tiefer in Sand- und Schlickböden. Nordsee und Ostsee bis um die Ålandinseln.

→ TYPISCH Sandklaffmuscheln vergraben sich bis zu 30 cm tief im Boden und halten den Kontakt zur Oberfläche durch 2 miteinander verwachsene Schläuche (Sipho). Der Wasserstrom transportiert Sauerstoff und Nahrungspartikel in ihr Inneres. Wird die Muschel gestört, zieht sie ihren Sipho ruckartig zurück und spritzt gleichzeitig einen kräftigen Wasserstrahl heraus. Erwachsene Tiere sind unbeweglich und laufen Gefahr, freigespült zu werden.

❶ Amerikanische Schwertmuschel

Ensis americanus

STECKBRIEF Bis 16 cm lang • Schale lang gestreckt, außen mit glänzend brauner Außenhaut • In Sandböden, Nordsee bis Dänische Belte und Öresund • Stammt aus Nordamerika und wurde wahrscheinlich in den 1970er-Jahren als Larve im Ballastwasser von Schiffen nach Europa eingeschleppt.

❷ Amerikanische Bohrmuschel

Petricola pholadiformis

STECKBRIEF Bis 6 cm lang • Schalenklappen lang gestreckt, weiß, mit ausgeprägten Zähnen an jeder Schalenhälfte • Nordsee bis Kattegat • Bohren sich durch Verschieben der Schalen zueinander in Lehm und Kalkgestein • Filtrieren Plankton aus dem Wasser • Stammt von der amerikanischen Ostküste.

Gehäuse mit
Wellenmuster

Eiklumpen als Strandfund →

Wellhornschnecke

Buccinum undatum

Größe Bis 12 cm hoch
Merkmale Gehäuse kräftig, graugelb, Oberfläche mit Wellenstruktur, daher der Name.
Nahrung Würmer, Krebse, Muscheln und Aas.
Vorkommen Sand- oder Felsböden, ab wenigen Metern Tiefe. Nordsee bis westliche Ostsee.

TYPISCH Die Wellhornschnecke ist ein Räuber und Aasfresser, sie riecht ihre Beute schon aus großer Entfernung. Aus dem Schlund kann sie einen langen Rüssel ausfahren. An seiner Spitze sitzt eine Raspelzunge, ein vielseitiges Fresswerkzeug, mit dem sie die Beute ausfrisst. Die Wellhornschnecke kann schnell kriechen. Das Weibchen legt im Herbst etwa faustgroße Klumpen mit bis zu 2000 Eikapseln ab. Nicht alle Eier entwickeln sich, vielmehr dienen sie stattdessen als Nähreier. Am Strand findet man häufig ihre leeren Eigelege.

graubraunes, dickwandiges Gehäuse

Sehr ähnlich ist die Raue Strandschnecke (Littorina saxatilis) →

Strandschnecke

Littorina littorea

Größe Bis 4 cm hoch
Merkmale Gehäuse dickwandig, kegelförmig, graubraun.
Obere Mündungskante geht fließend in das Gehäuse über.
Nahrung Weiden mit ihrer Raspelzunge den Algenbelag von
Steinen, Muschelschalen, Tang oder Seegras ab.
Vorkommen Hart- und Weichböden im Flachwasser. Nordsee bis westliche Ostsee.

TYPISCH Strandschnecken können in der Gezeitenzone bei
Ebbe auch auf dem Trockenen überleben. Sie verschließen dann
ihr Gehäuse fest mit einem Deckel. Insbesondere junge Strandschnecken siedeln gern auf Seegraswiesen, wo sie den Algenaufwuchs von den Blättern abweiden. Von dieser »Putzaktion« profitiert das Seegras, weil die Blätter mehr Licht bekommen. Die
weiblichen Strandschnecken geben nach der Befruchtung ihre Eier
ins Wasser ab, die Larven gehen später zum Bodenleben über.

❶ Wattschnecke

Peringia ulvae

STECKBRIEF Bis 6 mm hoch • Gelblich bis braun, mit abgerundeter Spitze und bis zu 7 Umgängen • Gezeitenzone und tiefer, auf Sand- und Schlickböden, Seegras und Algen • Nordsee und Ostsee bis zu den Ålandinseln • Bevölkern millionenfach den Wattboden und grasen den Algenbelag ab.

❷ Turmschnecke

Turritella communis

STECKBRIEF Bis 6 cm hoch • Gehäuse spindelförmig • Bräunlich mit bis zu 20 deutlich abgesetzten Umgängen • Auf Sand- und Schlickböden • Nordsee bis Kattegat und Öresund • Lebt im Schlamm vergraben und strudelt Wasser durch ihre Kiemen, an denen kleine Nahrungsteilchen hängen bleiben.

❶ Pantoffelschnecke
Crepidula fornicata

STECKBRIEF Bis 5 cm lang • Gehäuse hochgewölbt, Windungen sehr undeutlich, Innenraum mit heller Scheidewand • Von unten betrachtet ähneln die leeren Gehäuse kleinen Pantoffeln • Auf Felsen und Muschelbänken, Nordsee bis Kattegat • Stammt aus Nordamerika, mit Zuchtaustern eingeschleppt.

❷ Pelikanfuß
Aporrhais pespelicani

STECKBRIEF Bis 5 cm hoch • Gehäuse mit charakteristischer fünfstrahliger Außenlippe der Mündungsöffnung • Ähnelt Vogelfuß (Name) • Auf Sandböden, Nordsee, Kattegat bis nördlicher Öresund • Lebt versteckt im Boden • Filtert organische Teilchen aus dem Wasser oder sammelt sie vom Boden ab.

Kopf mit großen
Augen und Armen

Rumpf mit Flossensaum

Strandfund: Schulp aus Kalk →

Tintenfisch · Sepia

Sepia officinalis

Größe Bis 30 cm lang
Merkmale Körper teilt sich in einen Rumpf mit Flossensaum
und einen Kopf mit 8 Greifarmen und 2 langen Fangarmen,
die eingezogen werden können. Farbmuster variiert je nach
Untergrund und Stimmung des Tiers.
Nahrung Vor allem Krebse, die der Tintenfisch mit seinen
beiden Fangarmen packt.
Vorkommen Dauerflutzone auf Sandböden, Nordsee.

> **TYPISCH** Am Strand findet man oft den Schalenrest (Schulp)
> der Sepia, der mit lauter luftgefüllten Löchern durchsetzt ist und
> das Tier leichter macht. Die Sepia legt sich zur Jagd auf die Lauer,
> pirscht sich an die Beute heran und ergreift sie mit den Fangarmen.
> Sie schwimmt mit wellenartigen Bewegungen ihres Flossensaums.
> Bei Gefahr gibt sie aus einer Drüse eine Tintenwolke ins Wasser
> ab, in deren Schutz sie blitzartig davonschwimmt.

mittlere Segmente
mit Kiemenbüscheln

Ein Sandkringel verrät die Anwesen- →
heit des Wattwurms

Wattwurm · Pierwurm

Arenicola marina

Größe Bis 30 cm lang
Merkmale Körper dreigeteilt: vorderer Abschnitt verdickt
und mit Kopf, Mittelstück mit gefiederten, leuchtend roten
Kiemenbüscheln, hinterer Teil als schmaler Schwanz ohne
Anhänge, rotbraun bis fast schwarz.
Nahrung Frisst Sand und verdaut die in ihm enthaltenen
organischen Reste.
Vorkommen Sandböden im Flachwasser, typisch für das
Wattenmeer. Nordsee bis westliche Ostsee.

Wattwürmer graben bis zu 20 cm tiefe L-förmige Wohnröhren in den Sand. Auf der einen Seite befindet sich ein Ein-
sturztrichter, weil der Wurm unten in seinem Bau beständig
den von oben hinabrieselnden Sand frisst und die organischen Bestandteile verdaut. Regelmäßig kriecht er mit sei-

↑ Im Wattenmeer leben die Wattwürmer dicht an dicht und strukturieren den Boden

nem Hinterende voran an die Oberfläche und stößt den auf diese Weise gereinigten Sand als Kringel wieder aus. Ein einziger Wattwurm schluckt kiloweise Sand pro Jahr und lockert und belüftet so die oberen Schichten des Meeresbodens, wie der Regenwurm die Gartenerde. Wattwürmer sind eine begehrte Beute von Vögeln und Plattfischen. Der Wattwurm siedelt auch dort, wo es gar kein Watt gibt. In der Ostsee beispielsweise lebt er im Flachwasser.

TYPISCH Der Körper eines Wattwurms besteht aus lauter Segmenten, die alle ähnlich aufgebaut sind. Daher kann er auch weiterleben, wenn ihn zum Beispiel ein hungriger Vogel am Hinterende erwischt und ein Stück von ihm abbeißt.

❶ Grüner Seeringelwurm

Neanthes virens

Bis 80 cm lang • Wurmkörper aus über 200 Segmenten • Grün bis blau oder braun, irisierend • Kopf mit kieferbewehrtem Rüssel • In Sand- und Schlickböden, Nordsee bis westliche Ostsee • Gräbt verzweigte Gänge • Kriecht nachts heraus und erbeutet mit seinen Kiefern kleine Tiere und Aas.

❷ Köcherwurm

Pectinaria koreni

Bis 5 cm lang • Wohnröhre bis 8 cm lang, köcherförmig, besteht aus vielen fast gleich großen Sandkörnchen • In Schlick- und Sandböden, Nordsee bis westliche Ostsee • Gräbt den Sand um, sortiert mit den Tentakeln Kleinstlebewesen heraus, die er zum Mund bugsiert und frisst.

»Baumkrone«

Wohnröhre aus Sandkörnchen

Der Wurm ohne Röhre: ein segmentierter Körper und lange Tentakel am Kopf →

Bäumchenröhrenwurm

Lanice conchilega

Größe Bis 20 cm lang
Merkmale Körper gelblich rot, nach hinten spitz zulaufend, bis zu 20 cm lang. Kopf mit zahlreichen langen Tentakeln und roten gefiederten Kiemenbüscheln. Baut Wohnröhren, die wie kleine Bäume aussehen.
Nahrung Plankton und Schwebeteilchen.
Vorkommen Gezeitenzone und tiefer auf Sandböden. Nordsee bis Dänische Belte und Öresund.

TYPISCH Bäumchenröhrenwürmer bauen, wie der Name sagt, Wohnröhren, die Bäumen gleichen. Allerdings sind diese »Bäume« nur wenige Zentimeter hoch und bestehen aus Sandkörnern und Muschelschill. Auf die Äste stützt der Wurm seine vielen langen und klebrigen Fangfäden, mit denen er Baumaterial und Nahrungsteilchen einfängt. Er nutzt die Baumkrone also als Fangnetz. Viele Bäumchenröhrenwürmer bilden kleine »Wälder« am Boden.

fächerförmiger
Schwanz

sandfarbener Körper

4 Laufbeinpaare

Fangfrische Krabben →

Nordseegarnele (»Krabbe«)

Crangon crangon

Größe Bis 8 cm lang
Merkmale Körper lang gestreckt, Schwanz mit Fächer am
Ende; 2 Antennenpaare, ein schlankes Scherenpaar, 4 dün-
ne Laufbeinpaare. Passen ihre Farbe dem Untergrund an:
graubraun, hell oder dunkel.
Nahrung Plankton, Krebse, Würmer, aber auch Aas und
Grünalgen.
Vorkommen Gezeitenzone und tiefer auf weichen Böden.
Nordsee bis Kattegat und nördlicher Öresund.

Nordseegarnelen stehen fälschlich als »Krabben« auf unserem
Speiseplan. Echte Krabben wie die Strandkrabbe haben
ihren Hinterleib zurückgebildet, bei den Garnelen hingegen
sitzt im Endstück genau das Muskelfleisch, das uns so gut
schmeckt. In der Nordsee können sie massenhaft auftreten,

↑ Der Krabbenkutter ist mit Bodenschleppnetzen bestückt, die Garnelen, aber auch viele andere Bodentiere fangen.

werden größer als in der Ostsee und sind Grundlage einer bedeutenden Küstenfischerei.

Nach der Befruchtung heftet das Weibchen die Eier an die Unterseite ihres Körpers und trägt sie mehrere Wochen mit sich. Die Larven leben einige Wochen freischwimmend im Wasser, bevor sie zum Bodenleben übergehen.

→ TYPISCH In den Sommermonaten bevölkern Nordseegarnelen in großer Zahl das Wattenmeer. Vor allem junge Garnelen halten sich in flachen Pfützen und Prielen auf, wo keine hungrigen Fische lauern. Sie dort zu entdecken, ist gar nicht so leicht. Oft graben sie sich ein und schauen nur mit den Augen und Fühlern aus dem Boden heraus. Außerdem können sie ihre Farbe fast vollständig dem Untergrund anpassen und heben sich kaum vom sandigen Boden ab.

❶ Gewöhnliche Seepocke

Semibalanus balanoides

Bis 2 cm groß • Kalkgehäuse weißgrau, aus 6 gekerbten Platten • Mit verkalkter Grundplatte an die Unterlage geheftet • Gezeitenzone auf Hartböden aller Art • Nordsee bis Dänische Belte • Stark abgewandelte Krebse • Fischen mit gefiederten Fangarmen Schwebeteilchen aus dem Wasser.

❷ Flohkrebs

Gammarus locusta

Bis 2 cm lang • Seitlich abgeflacht, ähnlich wie ein Floh • Häufig zwischen Algen und Seegras • Nordsee und Ostsee bis um die Ålandinseln • Schwimmen häufig zu zweit aufeinander, das Männchen wartet, dass das Weibchen seine Schale häutet, nur dann kann die Paarung stattfinden.

❸ Strandfloh
Talitrus saltator

Bis 1,8 cm lang • Hell sandfarben mit dunklen Augen • Je 3 große, nach hinten gerichtete Sprung- und Schwimmbeinpaare • Sandstrände und brackige Feuchtgebiete • Nordsee bis mittlere Ostsee • Suchen nachts und in der Dämmerung im Angespül nach Nahrung • Springen bis zu 30 cm weit.

❹ Meerassel
Idotea balthica

Bis 3 cm lang • Oval und abgeflacht • Farbe variabel, oft mit weißer Marmorierung oder Streifen • Nordsee und Ostsee bis zu den Ålandinseln • Sitzen häufig auf Algen oder Seegras und fressen Pflanzenteile • Passen ihre Farbe an, indem sich Pigmente aus dem Futter im Körper verteilen.

lange Fühler

große Schere

Laufbeine

Siedeln sich häufig auf den Schneckenhäusern an: Stachelpolypen →

Einsiedlerkrebs

Pagurus bernhardus

Größe Bis 10 cm lang
Merkmale Lebt in leerem Schneckenhaus. Hinterkörper
weich, sackartig. Ein Paar ungleich große Scheren, 2 Paar
Laufbeine, diese sind gelb, braun und rot gezeichnet.
Nahrung Kleintiere und Aas.
Vorkommen Flachwasser und tiefer auf Weich- und Hartbö-
den. Nordsee bis Dänische Belte und Öresund.

→ **TYPISCH** Einsiedlerkrebse leben in Schneckenhäusern, die
sie bei Gefahr mit den Scheren verschließen. Während sie wachsen,
müssen sie mehrfach in ein größeres Schneckenhaus umziehen.
Große Krebse leben in Wellhornschneckenhäusern. Von Einsied-
lerkrebsen bewohnte Schneckenhäuser sind oft mit Stachelpolypen bewachsen. Sie bilden raue Polster mit einer Bodenplatte und
verkalkten Stacheln. Auf der Platte wachsen verschiedene Typen
von Polypen: Nähr-, Wehr- und Geschlechtspolypen.

❶ Strandkrabbe
Carcinus maenas

STECKBRIEF Bis 8 cm breit • Rückenpanzer etwa fünfeckig, braungrau • Hinterleib reduziert, 1 Paar große Kneifscheren, 8 Laufbeine • Zwischen Steinen und Algen, Nordsee bis Ostsee westlich von Bornholm • Drohen bei Gefahr mit ihren Scheren • Wichtige Beute von Fischen und Seevögeln.

❷ Taschenkrebs
Cancer pagurus

STECKBRIEF Bis 30 cm breit • Panzer glatt, rotbraun, mit 2 sehr kräftigen Scheren und 8 Laufbeinen • An Felsküsten, Nordsee bis Kattegat • Verstecken sich in Höhlen und gehen meist nachts auf Beutefang • Knacken mit ihren Scheren auch Krebspanzer und Muschelschalen.

Körperscheibe

5 Arme

kurze Stacheln

Körperunterseite mit Saugfüßchen →

Seestern

Asterias rubens

Größe Bis 25 cm groß
Merkmale Körperscheibe klein, 5 Arme mit Saugfüßchen an den Unterseiten. Körperoberfläche unregelmäßig und kurz bestachelt, orange, rotbraun bis schwarzviolett.
Nahrung Hauptsächlich Miesmuscheln.
Vorkommen Dauerflutzone und tiefer, auf Weich- und Hartböden aller Art. Nordsee bis Ostsee um Bornholm.

> TYPISCH Der Seestern lebt räuberisch, mit seinen kräftigen Armen verdeckt er die Atemöffnungen der Miesmuscheln, sodass ihnen die Luft ausgeht. Gleichzeitig heftet er sich mit seinen Saugfüßchen fest an die Schalenklappen und zieht die Muschel auseinander. Dann stülpt er seinen Magen ins Muschelinnere, um die Weichteile zu verdauen. Wird ein Seestern angegriffen, kann er einen Arm abstoßen und flüchten. Der fehlende Arm wächst nach einiger Zeit wieder nach.

schlanke Arme

Körperscheibe

weiße Flecken an
der Armbasis

Mundöffnung an der Körperunterseite $\rightarrow$

Heller Schlangenstern
Ophiura albida

Größe Körperscheibe bis 1,5 cm Durchmesser
Merkmale Arme mit kurzen Stacheln, etwa viermal so lang
wie die Körperscheibe. Oft mit weißen Flecken an der Basis
der Arme.
Nahrung Kleintiere.
Vorkommen Dauerflutzone und tiefer, auf Sand und Schlamm.
Nordsee bis Öresund und westliche Ostsee.

→ TYPISCH Schlangensterne bewegen sich vergleichsweise
schnell mit ihren beweglichen Armen, die wie kleine Schlangen
aussehen (Name). Wie die Seesterne haben sie kleine Füßchen an
ihren Armen, die jedoch keine Saugnäpfe tragen. Die Tiere re-
agieren sehr empfindlich auf Berührungen, die Arme werden bei
Gefahr oft abgeworfen, aber wieder regeneriert. Schlangensterne
kriechen über den Boden und fressen Kleinstlebewesen von der
Oberfläche. Sie können in großen Mengen vorkommen.

Schale dicht mit Stacheln besetzt

Bewegliche Stacheln dank → Kugelgelenken

Essbarer Seeigel

Echinus esculentus

Größe Bis 16 cm breit
Merkmale Schale nahezu kugelförmig, rot bis violett. Stacheln rot mit hellen Spitzen, 5 Doppelreihen von Saugnapffüßchen.
Nahrung Aufwuchs am Meeresboden.
Vorkommen Dauerflutzone und tiefer, auf Felsböden und in Algenwäldern. Nordsee bis Öresund.

TYPISCH Seeigel weiden mit ihren kräftigen Zähnen an der Körperunterseite kleine Pflanzen und Tiere vom Boden ab oder nagen an Seetang. Ihr Zahnapparat ist ein kompliziertes Kiefergerüst mit 5 Zähnen, das an eine Laterne erinnert und schon von Aristoteles beschrieben wurde (»Laterne des Aristoteles«). Seeigel laufen und klettern ähnlich wie Seesterne auf zahlreichen prall mit Wasser gefüllten Saugfüßchen. In Südeuropa isst man die Geschlechtsorgane des Essbaren Seeigels.

❶ Strandseeigel

Psammechinus miliaris

STECKBRIEF Bis 4 cm breit • Schale vergleichsweise flach, grünlich oder bräunlich • Stacheln häufig mit violetten Spitzen • Auf Felsböden und Seetang, Nordsee bis westliche Ostsee • Laufen mit ihren Saugnapffüßchen über den Boden • Weiden kleine Tiere und Algen vom Untergrund ab.

❷ Herzseeigel

Echinocardium cordatum

STECKBRIEF Bis 9 cm lang • Schale oval bis herzförmig, weißgrau mit dichtem bräunlichen Stachelkleid • In weichen Sandböden, Nordsee bis Kattegat • Graben sich mit ihren beweglichen Stacheln im Boden ein • Bauen eine Wohnhöhle und halten über eine Röhre Kontakt zur Oberfläche.

❶ Blättermoostierchen
Flustra foliacea

STECKBRIEF Bis 20 cm hoch • Kolonie aufrecht wachsend, gelblich braun, bildet gabelig verzweigte »Blätter« • Einzeltiere bis 0,5 mm groß, jeweils in kästchenförmigen Gehäusen • Im Flachwasser auf Felsen, Nordsee bis westliche Ostsee • Angespülte Kolonien leicht mit Algenbüscheln zu verwechseln.

❷ Flache Seerinde
Membranipora membranacea

STECKBRIEF Können großflächige Kolonien aus Millionen Tieren bilden • Netzartige, weißliche Überzüge auf Seetang • Einzeltiere in flachen, rechteckigen Gehäusen • Auf großen Algen, selten auf Felsen, Nordsee bis westliche Ostsee • Kolonien sprießen aus einem einzigen Gründertier hervor.

③ **Pferderose**

Actinia equina

STECKBRIEF Bis 6 cm hoch • Körper zylinderförmig mit bis zu 200 spitz zulaufenden Tentakeln und einer Mundscheibe in der Mitte • Auf Steinen und Muscheln, Nordsee bis Öresund • Fängt mit ihren stark nesselnden Tentakeln kleine Krebse und Fische • Zieht bei Ebbe Tentakelkrone vollständig ein.

④ **Seemoos**

Sertularia cupressina

STECKBRIEF Bis 50 cm hoch • Kolonien aus Polypen bilden hellbraune, verzweigte Äste • Sehen wie Algenbüschel aus • Auf Steinen, Muschelschalen, Krebspanzern, Nordsee bis westliche Ostsee • Polypen strecken ihre mit Nesselkapseln bewehrten Fangarme ins Wasser, um Plankton zu fischen.

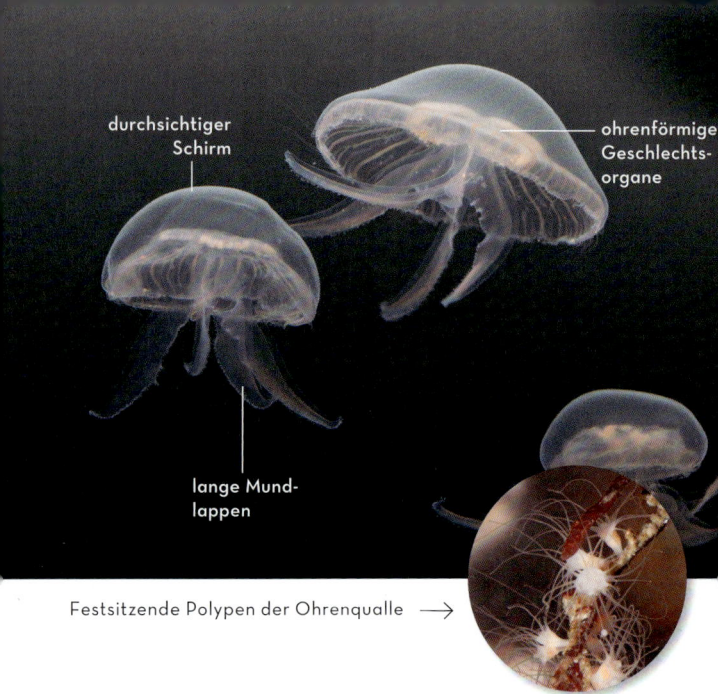

durchsichtiger
Schirm

ohrenförmige
Geschlechts-
organe

lange Mund-
lappen

Festsitzende Polypen der Ohrenqualle →

Ohrenqualle

Aurelia aurita

Größe Bis 40 cm Schirmdurchmesser
Merkmale Quallenschirm mit 4 ohrenförmigen Geschlechts-
organen, die beim Männchen weiß, beim Weibchen violett
durchschimmern.
Nahrung Plankton, kleine Krebse und Fischlarven.
Vorkommen Nordsee und Ostsee bis zu den Ålandinseln.

→ **TYPISCH** Ohrenquallen treiben mit den Strömungen im
Meer und fangen mit langen und klebrigen Tentakeln kleine
Planktontiere. Für Badende sind sie ungefährlich, weil die Nesselkapseln unsere Haut nicht durchdringen können. Es gibt 2 unterschiedliche Generationen: Die winzigen, festsitzenden Polypen
der Ohrenquallen schnüren scheibenförmige Schwimmlarven ab,
die zu großen Schirmquallen heranwachsen. Diese bilden Eier und
Samen und nach der Befruchtung entsteht wieder eine neue
Generation von ungeschlechtlichen Polypen.

① Feuerqualle
Cyanea capillata

STECKBRIEF Ca. 50 cm Schirmdurchmesser • Schirm gelblich bis rötlich • Zahlreiche zusammenziehbare, dicht mit Nesselkapseln besetzte Tentakel • Nordsee und Ostsee bis zu den Ålandinseln • Beim Baden kann bereits der Kontakt mit abgerissenen Nesselfäden Brennen auf der Haut verursachen.

② Blaue Nesselqualle
Cyanea lamarckii

STECKBRIEF Bis 20 cm Schirmdurchmesser • Blau, mit Warzen besetzt • Brennt nicht so stark wie die Feuerqualle • Nordsee bis Kattegat • Orientieren sich wie andere Schirmquallen mit Sinnesknospen am Schirmrand, darin befinden sich Gleichgewichtsorgane, Seh- und Geschmackszellen.

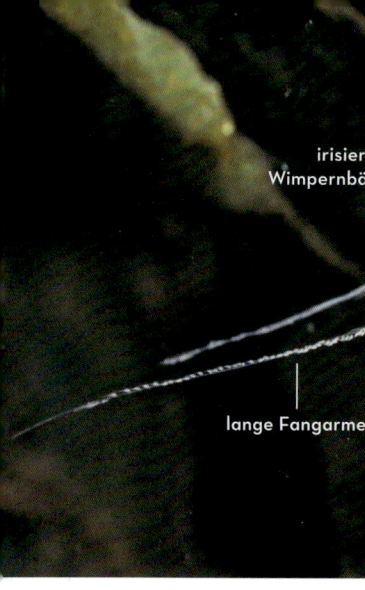

irisierende
Wimpernbänder

lange Fangarme

Durchsichtige Seestachelbeere →
als Strandfund

Seestachelbeere

Pleurobrachia pileus

Größe Bis 3 cm groß
Merkmale Quallenkörper gleicht in Form und Größe einer
durchsichtigen Stachelbeere. Mit 8 bewimperten Rippen und
seitlich je 1 Tasche mit einem langen, gefiederten Fangarm.
Nahrung Plankton, kleine Krebse und Fischlarven.
Vorkommen Nordsee bis westliche Ostsee.

→ TYPISCH Seestachelbeeren gehören zu den Rippenquallen.
Ihre Längsrippen sind mit zahlreichen Wimpern besetzt. Diese
schlagen und können auf diese Weise die Qualle durch das Wasser
bewegen. Die langen Fangarme sind mit Klebzellen ausgestattet,
an denen Plankton haften bleibt und zum Mund befördert wird.
Seestachelbeeren werden von Melonenquallen (Beroe spec.) ge-
fressen, die ebenfalls zu den Rippenquallen gehören. Ihre Mundöffnung ist sehr groß und führt in einen weiten Schlund, der fast
den ganzen Körper ausfüllt.

❶ Kompassqualle
Chrysaora hysoscella

STECKBRIEF Bis 30 cm Schirmdurchmesser • Durchsichtig, blassweiß • Auffälliges braunrotes Streifenmuster, das an eine Kompassrose erinnert • Mit 4 schlanken, braunen Mundlappen • Nordsee bis Kattegat • Nesselfäden für Menschen ungefährlich • Ändert im Lauf ihres Lebens ihr Geschlecht.

❷ Blumenkohlqualle
Rhizostoma octopus

STECKBRIEF Bis 60 cm Schirmdurchmesser • Schirm fest und hochgewölbt, bläulich oder milchig • Schirmrand mit vielen kleinen Lappen • Nordsee bis Kattegat • Ohne Nesselkapseln • Gekräuselte Mundarme zu vielen kleinen Mundöffnungen verwachsen, durch sie wird Plankton in den Magen befördert.

PFLANZEN
schneller bestimmen

AB SEITE 91
Bunte Blüten

Viele Pflanzen tragen auffällige Blüten, um Insekten zur Bestäubung anzulocken. Anhand dieser Blüten lassen sich Blumen gut bestimmen.

Prüfe zuerst, ob die Pflanze, die du bestimmen willst, an Land oder im Wasser wächst.

↓

AB SEITE 110
Gräser

Gräser haben meist unscheinbare kleine Blüten, die oft vom Wind bestäubt werden. Im Meer lebende Seegräser haben spezielle Schwimmpollen. Die Halme der Gräser besitzen parallele Blattadern.

Die Landpflanzen haben wir in blühende Pflanzen und Gräser eingeteilt. Arten, die im Wasser leben, gehören meist zu den Algen.

↓

AB SEITE 114
Algen

Mikroalgen sind meist einzellig. Makroalgen (Großalgen) sind mit bloßem Auge erkennbar, besonders groß sind Tange. → Nach ihrer Farbe unterscheidet man Braun-, Rot,- und Grünalgen.

Blättere zu der Seite, ab der die entsprechenden Arten beschrieben sind.

blüht auf salzreichen Standorten

Blütenkörbchen mit gelben Röhren- und violetten Zungenblüten →

Strandaster

Aster tripolium

Größe Bis 60 cm hoch

Merkmale Stängel aufrecht, oft rot überlaufen, Blätter ungeteilt, oval bis lanzettförmig mit glattem Rand. Blütenköpfchen in großer Zahl in lockerer Doldentraube. Röhrenblüten gelb, Zungenblüten lilablau. Blüht von Juli bis September.

Vorkommen Nord- und Ostseeküste, auf Salzwiesen, an Priel- und Grabenrändern, in Strandröhrichten.

→ **TYPISCH** Strandastern bilden im Spätsommer in den Salzwiesen ein prachtvolles Blütenmeer. Sie locken zahlreiche Insekten an. Aber auch Weidevieh frisst bevorzugt die wohlschmeckenden Blätter, sodass die Astern auf beweideten Salzwiesen sehr kurz gehalten und kaum mehr zu erkennen sind. Das Salz, das die Astern unfreiwillig aus dem Boden aufnehmen, speichern sie in ihren ältesten Blättern, die sie anschließend abwerfen.

weiße Zungen-
blüten

gelbe
Röhrenblüten

Die Blüten duften kaum →

Strandkamille

Tripleurospermum maritimum

Größe Bis 30 cm hoch
Merkmale Stängel liegend, nur an den Enden aufsteigend, verzweigt, mit dickfleischigen, mehrfach geteilten Blättern. Blütenköpfe mit goldgelben Röhrenblüten und weißen Zungenblüten. Blüht reich von Juli bis Oktober.
Vorkommen Strandflächen und Spülsäume, meeresnahe Geröllflächen. An den Nordseeküsten häufig, an den Ostseeküsten weniger.

→ **TYPISCH** Im Unterschied zu den verschiedenen Kamillearten im Binnenland kann die Strandkamille auf salzhaltigen Böden wachsen. Sie blüht sehr auffällig und üppig und riecht kaum. Als typische Pionierpflanze braucht sie viel Sonne und einen kahlen Standort. Ihre gelb-weißen Blütenköpfe erfreuen nicht nur Strandwanderer, sondern auch Schwebfliegen. Besonders schöne Exemplare mit großen Blüten lassen sich auf Helgoland finden.

gefiederte Blätter

aufrechte ver-
zweigte Stängel

Blüten klein und unscheinbar →

Strandbeifuß · Strandwermut

Artemisia maritima

Größe Bis 60 cm hoch
Merkmale Stängel aufrecht, fest und verzweigt, Blätter ge-
fiedert, Blütenköpfe aus kleinen, grüngelben Röhrenblüten,
blüht von Juli bis Oktober.
Vorkommen Salzpflanze an Priel- und Grabenrändern und in
Salzwiesen, weit verbreitet an den Küsten.

→ **TYPISCH** Der Strandwermut enthält ätherisches Öl und
riecht stark aromatisch. Er ist eng mit dem Wermut (Absinth)
verwandt und wurde früher auch als Heil- und Aromapflanze
verwendet. Seine gefiederten Blätter sind mit einem silbrig-hellen
Filz bedeckt, der gegen Verdunstung schützt, sodass die Pflanze
weniger Salzwasser aufnehmen muss. Unbeabsichtigt aufgenom-
menes Salz gibt die Pflanze ab, indem sie es in alte Blätter einlagert und abwirft. Die Pflanze schmeckt sehr bitter – daher der
Begriff »Wermutstropfen«.

rosa Blüten

aufrechte Stängel

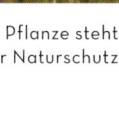

Die hübsch blühende Pflanze steht →
unter Naturschutz

Strand-Tausendgüldenkraut

Centaurium littorale

Größe Bis 20 cm hoch
Merkmale Stängel aufrecht mit wenigen Blättern, die unteren bilden eine Rosette. Die weiß-rosa bis rot gefärbten Blüten sitzen in mehreren Etagen auf unterschiedlichen Höhen und öffnen sich nur bei vollem Sonnenschein.
Vorkommen Salzwiesen, Strandwiesen und Dünen an Nord- und Ostsee.

> **→ TYPISCH** Das kleine, aber dekorative Strand-Tausendgülden-kraut ist eine seltene und geschützte Art. Es gehört zu den Enzian-gewächsen und ist mit den bekannten Alpenpflanzen verwandt. Die Pflanze bevorzugt sonnige, aber feuchte und salzhaltige Standorte mit Sand oder Kiesboden. Wegen ihrer Bitterstoffe stand sie früher als Allheilmittel so hoch im Kurs, dass man sie für »tausend Gülden« wert hielt.

❶ Sandglöckchen

Jasione montana

STECKBRIEF Bis 30 cm hoch • Stängel aufrecht, Blätter behaart und schmal lanzettförmig • Blütenköpfchen bis 2 cm breit und auffällig tiefblau • Blüht von Juni bis August • Bewachsene Dünen an den Nord- und Ostseeküsten • Wächst auf sehr nährstoffarmen Böden auch fernab der Küste in den Bergen.

❷ Strand-Grasnelke

Armeria maritima

STECKBRIEF Bis 40 cm hoch • Sehr formenreich, mit ungeteilten, grasartigen Blättern • Rosafarbene Blüten sitzen in lockeren Köpfen • Blüht lange von Mai bis November • In Salzwiesen und Außendeichgrünland • Scheidet das überschüssige Salz durch Drüsen auf den Blättern wieder aus.

dicht an dicht sitzende violette Blüten

Fliederblüte in einer Salzwiese →

Strandflieder

Limonium vulgare

Größe Bis 50 cm hoch
Merkmale Staude mit bodennaher Blattrosette und aufrechten Stängeln. Auffällige Blüten mit violetten bis blassblauen Kronen, seltener auch weiß, die zahlreich in Doldenrispen angeordnet sind. Blätter ziemlich derb, oval mit einer Stachelspitze. Die mehrjährige Pflanze blüht von August bis September.
Vorkommen Salzwiesen, an der Nordseeküste und der westlichen Ostsee.

> **TYPISCH** Die prachtvollen Blüten des Strandflieders laden zum Mitnehmen ein, daher ist diese Art gebietsweise selten geworden. Die Pflanze – auch »Meerlavendel« genannt – steht unter Naturschutz und darf nicht gepflückt werden. Ihre großen Blätter besitzen besondere Drüsen, die überschüssiges Salz wieder ausscheiden können.

❶ Milchkraut
Glaux maritima

STECKBRIEF Bis 3 cm hoch • Liegender Stängel, viele glänzende Blätter • Rosaweiße Blüten in den Blattachseln • In Salzwiesen des Marschlands, an der Nordsee und der gesamten Ostsee • Der Name geht auf den Irrglauben zurück, die Pflanze würde als Viehfutter die Milchleistung erhöhen.

❷ Meersenf
Cakile maritima

STECKBRIEF Bis 50 cm hoch • Stängel graugrün, kahl • Blüten mit großen, weißen oder violetten Kronblättern • Typische Art an salzigen Sandstränden, Nord- und Ostsee • Pionierpflanze, die auch Übersandung erträgt • Bildet oft massenhafte Bestände, die wunderschön blühen.

❶ Krähenbeere
Empetrum nigrum

STECKBRIEF Bis 45 cm hoch • Zwergstrauch • Blätter nadelartig, dunkelgrün • Blüten unscheinbar, Beeren kugelig, schwarz • Dünen, Heide an Nord- und Ostsee • Krähen und Möwen fressen die Beeren, scheiden die Samen wieder aus und sorgen so für die Verbreitung.

❷ Glockenheide
Erica tetralix

STECKBRIEF Bis 50 cm hoch • Graugrüne nadelförmige Blätter • Glockenförmige rosa Blüten • Dünen und Dünentäler, bevorzugt an feuchteren Stellen • Kommt auch im Binnenland in Mooren vor • Gefährdet durch Entwässerung, Überdüngung • Größere Bestände in Naturschutzgebieten.

violette Blüten-
trauben

Die dekorativen Blüten prägen →
die Heidelandschaft

Besenheide · Heidekraut

Calluna vulgaris

Größe Bis 50 cm hoch
Merkmale Zwergstrauch mit kleinen, nadelförmigen Blättern.
Die purpurn gefärbten Blüten sind zu Trauben zusammen-
gefasst. Das Heidekraut blüht üppig von Juli bis September.
Vorkommen Küstenheiden an Nordsee und Ostsee, aber
auch trockene Wälder, Heiden, Moore.

> **TYPISCH** **Die Besenheide wächst bevorzugt auf trockenen,
nährstoffarmen Böden, vom Flachland bis in Höhenlagen von
2700 m. Die küstennahen Heidelandschaften bilden im Spätsommer ein duftendes Blütenmeer. Die Besenheide ist eine wichtige
Futterpflanze für Bienen und zahlreiche Schmetterlingsarten. Sie
ist außerdem eine beliebte Zier- und Gartenpflanze.**

fleischige Stängel

Stängel in Abschnitte gegliedert, $\longrightarrow$
Blätter reduziert

Queller

Salicornia europaea agg.

Größe Bis 40 cm hoch
Merkmale Stängel deutlich verdickt, scheinbar blattlos, aus
gegliederten Abschnitten bestehend. Blätter zu winzigen
Schuppengebilden zurückgebildet. Blüten einfach und sehr
unscheinbar.
Vorkommen Pionierpflanze in der Verlandungszone auf
Salzböden des Schlick- und Mischwatts, Charakterpflanze
in Wattgebieten. Nordsee und Ostsee, besonders im westlichen Teil.

Der Queller kennzeichnet den Verlandungsbereich des Watts
und schließt landwärts an die Seegraswiesen an. Er verträgt es, vom Salzwasser überflutet zu werden und wirkt
als Schlickfänger. Daher fördert er die Landgewinnung und
spielt eine wichtige Rolle im Küstenschutz. Um aus dem

↑ Queller und Schlickgras bevorzugen die gleichen Standorte

↑ Eingelegter Queller als köstliche Beilage

salzigen Boden Wasser aufnehmen zu können, muss der Queller eine große Saugkraft aufbringen. Dazu reichert er Salz und andere Ionen in seinem Zellsaft an. Da so jedoch immer mehr Meersalz über die Wurzeln in die Pflanze gelangt, erhöht die Pflanze ihren Wassergehalt, um das störende Salz zu verdünnen. Im Herbst wird die Salzkonzentration zu hoch: Die Stängel verfärben sich rot und sterben schließlich ab.

→ TYPISCH Die Quellerpflanze lebt von April bis Oktober. Nur ihre Samen überstehen den Winter. Im August werden die an den Sprossenden verborgenen Blüten bestäubt. Das eingeschleppte Schlickgras (S. 111) verdrängt mit seinem hohen und dichten Wuchs die lichthungrigen, niedrig bleibenden Quellerpflanzen.

❶ Salzmiere

Honkenya peploides

STECKBRIEF Bis 30 cm hoch • Dicht sitzende, oval spitze, dickfleischige Blätter • Unscheinbare Blüten mit 5 weißen Kronblättern • Spülsäume und Vordünen auf feuchtem Sand, Nord- und Ostseeküste • Verträgt salzreichen Boden sowie Übersandung und kann daher dicht am Meer wachsen.

❷ Salzmelde

Halimione portulacoides

STECKBRIEF Bis 1 m hoch • Halbstrauch mit verholzter Basis • Kräftige Triebe mit derben Blättern • Blüten klein und unauffällig in kleinen Trauben • Auf Schlickböden, besonders an Prielrändern und Entwässerungsgräben an der Nordsee • Einzige verholzte Pflanze in der Gezeitenzone unserer Küsten.

kleine unschein-
bare Blüten

schnittlauchartige
Blätter

Pro Rispe 50–100 kugelige Blüten →

Strand-Dreizack

Triglochin maritimum

Größe Bis 60 cm hoch
Merkmale Binsenartige Pflanze, fleischige, hellgrüne Blätter, winzige gestielte Blüten in dichten Rispen, Fruchtkapsel aus 6 länglichen Teilfrüchten, die im Herbst abfallen.
Vorkommen Bevorzugt Schlickböden, in Salz- und Marschwiesen, Nord- und Ostseeküste

→ **TYPISCH** **Die Blätter des Strand-Dreizacks riechen beim Zerreiben nach Chlor, der Geruch verschwindet jedoch beim Kochen. Die schmalen Blätter waren in Ostfriesland unter dem Namen »Röhrkohl« als Frühjahrsgemüse bekannt. Die Asche des Dreizacks enthält viel Soda, weshalb die Pflanze früher bei der Glasherstellung zur Schmelzpunkterniedrigung verwendet wurde. Als Anpassung an den Salzstandort werden die älteren, stark salzhaltigen Blätter abgeworfen.**

violette
Blütenköpfe

weißlich graue
Blätter

Die Blüten sind von dornigen →
Hüllblättern umgeben

Stranddistel

Eryngium maritimum

Größe Bis 70 cm hoch
Merkmale Pflanze auffällig weißlich grau, stark verzweigt,
oft halbkugeliger Busch. Blätter steif, distelartig, stachelig.
Blaue Blüten zu vielen kugeligen Köpfen zusammengefasst.
Blütezeit Juni bis August.
Vorkommen Charakterpflanze in Sanddünen, oft im Saum
von Strandhafer oder Strandroggen. Nordsee und Ostsee.

→ **TYPISCH** Als attraktive Zierblume wurde die Stranddistel so
viel gepflückt, dass sie vielerorts fast ausgerottet wurde. Die
seltene Strandpflanze ist daher streng geschützt und darf nicht
ausgegraben oder abgeschnitten werden. Mit den Disteln am
Wegesrand oder auf Äckern ist die Stranddistel nicht verwandt.
Ihre vergleichsweise harten Stängel, Blätter und Blüten sind
unempfindlich gegen Flugsand, der an der Küste wie ein Sand-
strahlgebläse wirken kann.

blauviolette
Kronblätter

Das Wilde Stiefmütterchen blüht in →
verschiedenen Farbvarianten

Sand-Stiefmütterchen

Viola tricolor

Größe Bis 25 cm hoch
Merkmale Blüten bis 2 cm groß, Kronblätter blauviolett,
Blütezeit Mai bis September, ein- bis mehrjährig.
Vorkommen Sanddünen und Sandflächen an den Küsten von
Nord- und Ostsee.

> **TYPISCH** **Das Sand-Stiefmütterchen ist eine eigene Form
des Wilden Stiefmütterchens. Diese Art wächst auf Wiesen, an
Wegrändern und auf Brachflächen und bildet verschiedene Formen mit unterschiedlichen Verbreitungsschwerpunkten. Als Zier- und
Heilpflanze wird das Wilde Stiefmütterchen seit dem Mittelalter
kultiviert. Aus zahlreichen Kreuzungen der Wildform mit anderen
Arten und gezielte Züchtung sind die Kulturformen entstanden –
die Gartenstiefmütterchen, von denen es heute eine große Aus-
wahl an Farben und Formen gibt. Stiefmütterchen gehören zur
Familie der Veilchengewächse.**

schmale Blätter

orange Früchte

Ältere Blätter sind auf der Oberseite →
unbehaart und dunkelgrün

Sanddorn

Hippophae rhamnoides

Größe Bis 4 m hoch
Merkmale Strauch oder kleiner Baum. Zweige mit kräftigen
Dornen, junge Zweige silbergrau, ältere dunkelrotbraun.
Blätter schmal lanzettlich, Oberseite graugrün, Unterseite
silbrigweiß. Blüten unscheinbar in kurzen dichten Ähren,
Früchte leuchtend orange. Mehrjährig, blüht von März bis
Mai.
Vorkommen Wächst wild in Dünengebieten an der Nord-
und Ostseeküste, häufig auch angepflanzt.

Der Sanddorn ist windbeständig, erträgt salzhaltige Böden
und hat ein weit und tief reichendes Wurzelsystem. Er wird
daher zur Bodenbefestigung sandiger Standorte eingesetzt. Als Pionierpflanze baut er mithilfe von mit ihm in Sym-
biose lebenden Pilzen langsam den Humusgehalt im Boden

↑ Die jungen Blätter sind silbrig-graugrün behaart

↑ Sanddornsaft ist sehr gesund und vitaminreich

auf. Eine Sanddornhecke entwickelt dichtes Astwerk und dient zahlreichen Vögeln als Nistgehölz und Unterschlupf. Im Winter sind die Beeren des Sanddorns eine wichtige Nahrungsquelle für Vögel.

→ TYPISCH Sanddorn wird auch »Zitrone des Nordens« genannt. Seine Beeren sind essbar und reich an Vitamin C. Viele Mineralien und Spurenelemente aus der Pflanze wirken beim Menschen wundheilend und entzündungshemmend. Daher wird Sanddorn nicht nur zu Saft, Marmelade und Tee verarbeitet, sondern auch in der Medizin und in der Kosmetikbranche verwendet. Auf den Plantagen in Norddeutschland sind die Beeren ab September sonnengereift und zur Ernte bereit.

rosa Kronblätter

runzelige,
dunkelgrün
glänzende
Fiederblättchen

Die roten Hagebutten sind essbar →

Runzelrose · Kartoffelrose

Rosa rugosa

Größe Bis 2 m hoch
Merkmale Strauch mit kräftigen Zweigen, dicht mit Stacheln besetzt. Blätter dunkelgrün, Blüten duftend, mit rosaroten oder weißen Kronblättern. Die Früchte sind große, kugelige Hagebutten.
Vorkommen Einwanderer aus Ostasien, aber schon lange im Küstenbereich der Nord- und Ostsee angepflanzt und vielfach verwildert.

→ **TYPISCH** Diese Strauchrose verträgt auch das windige Küstenklima sehr gut. Daher wird sie häufig auf den steinernen »Friesenwällen« rund um die Wohnhäuser angepflanzt. Da die Runzelrose – auch als Kartoffelrose bekannt – leicht verwildert, breitet sie sich auch in den Dünnen zunehmend aus und wird zum ökologischen Problem, da sie heimische Arten verdrängt. Ihre Hagebutten sind essbar und werden z. B. für Marmelade genutzt.

cremefarbene
Kronblätter

dunkelgrüne
Fiederblätter

Kleine schwarze Hagebutten →

Dünenrose

Rosa spinosissima

Größe Bis 70 cm hoch
Merkmale Strauch mit bestachelten Zweigen, Blätter dunkelgrün aus kleinen rundlichen Fiedern, Blüten mit cremeweißen Kronblättern, Hagebutten tiefschwarz.
Vorkommen Dünen, vor allem auf den Nordseeinseln, auch im Binnenland auf Magerrasen, dort jedoch selten.

→ TYPISCH Die Dünenrose gehört zu den seltenen und besonders schützenswerten Küstenpflanzen. Sie kann viele Meter lange Wurzelausläufer bilden und tritt daher oft in Kolonien auf. Außerdem befestigt sie mit ihren verzweigten Ausläufern den Boden. Die Dünenrose wird an ihren Standorten häufig von schneller wachsenden Wildrosenarten verdrängt, an der Küste vor allem von der eingeschleppten Runzelrose. Als Bibernellrose gehört diese Art außerdem zu den ältesten Rosen, die in Europa und Asien kultiviert werden.

schmale gras-
artige Blätter

Auf Seegraswiesen weiden →
häufig Schnecken

Zwergseegras

Zostera noltei

Größe Bis 40 cm lang
Merkmale Blätter etwa 1 mm breit, meist einnervig, gras-
oder schwarzgrün. Blüten sehr einfach, Bestäubung durch
Schwimmpollen.
Vorkommen Flachwasserbereich auf Schlick- und Sandbö-
den bis etwa 1 m Wassertiefe.

→ **TYPISCH** Seegräser sind die einzigen Blütenpflanzen, die im
Meer wachsen. Sie sind nicht mit den auf dem Land wachsenden
Gräsern verwandt. Seegras verankert sich mit seinen Wurzeln fest im
Boden, so kann es große Flächen dicht bewachsen. Seegraswiesen
beherbergen eine vielfältige Tierwelt – von zahllosen Schnecken, die
Algen vom Seegras abweiden, bis hin zu Ringelgänsen, die Seegras
fressen. Junge Fische finden in den Seegraswiesen Schutz vor
Feinden. Besonders im Herbst werden große Mengen Seegras an die
Küste gespült. Getrocknet wird es als Isoliermaterial verwendet.

❶ Großes Seegras
Zostera marina

STECKBRIEF Bis 2 m lang • Blätter 3–9 mm breit, 3–9 Blatt-
nerven • Gezeiten- und Dauerflutzone, Nordsee und Ostsee
bis um die Ålandinseln • Bildet Bestände mit Zwergseegras
• Seegraswiesen in der Dauerflutzone des Wattenmeers wurden in den 1930er-Jahren durch eine Pilzinfektion vernichtet.

❷ Schlickgras
Spartina anglica

STECKBRIEF Bis 50 cm hoch • Aufrechte Stängel, starre
Blätter • Blütenstand mit 3–5 bleistiftlangen Ähren • Im Gezeitenbereich der Nordsee • In den 1920er-Jahren aus Eng-
land eingeführt und zur Landgewinnung im Wattenmeer
angepflanzt • Breitet sich entlang der Wattenmeerküste aus.

schmale Blätter

Blüten in Rispen

aufrechte Stängel

Zum Küstenschutz wird Strandhafer angepflanzt →

Strandhafer

Ammophila arenaria

Größe Bis 1 m hoch
Merkmale Gras mit tief reichendem, verzweigtem Wurzelwerk, Stängel steif aufrecht, Blätter schmal, graugrün, viele
kleine Blüten in einer Ährenrispe, hell strohgelb.
Vorkommen Pionierpflanze auf Sanddünen, an der Nord-
und Ostseeküste.

→ **TYPISCH** Der Strandhafer ist sehr widerstandsfähig gegenüber Flugsand und Übersandung. Er bildet schnell neues Blatt-
und Wurzelwerk aus und festigt so den beweglichen Dünensand.
Daher wird Strandhafer vielfach zur Dünenbefestigung und als
Sandfänger angepflanzt. An Abbruchkanten allerdings sieht man
oft Strandhaferpflanzen, denen der Sand unter den Wurzeln weg-
rieselt. Auch Trampelpfade von Badegästen können dies bewirken,
denn der Wind bläst die schmalen Rinnen – dort, wo der Strandhafer zertreten wurde – zu metertiefen Schluchten aus.

❶ Strandroggen

Leymus arenarius

STECKBRIEF Bis 1,2 m hoch • Gras mit sperrigem Wuchs • Auffallend blaugrün mit langen unterirdischen Ausläufern • Blätter bei Trockenheit eingerollt (Verdunstungsschutz) • Sanddünen an Nord- und Ostseeküste • Erträgt salzigen Boden besser als Strandhafer, siedelt daher auch nahe am Spülsaum.

❷ Binsenquecke

Elymus farctus

STECKBRIEF Bis 40 cm hoch • Gras mit kriechenden Wurzeln und langen Ausläufern • Blätter mit dicken behaarten Blattadern • Vor allem an der Nordseeküste • Verträgt Flugsand und viel Salz • Wichtig für die Dünenbildung, wächst durch den Sand nach oben • Auch »Strandweizen« genannt.

❶ Darmtang
Enteromorpha spec.

STECKBRIEF Bis 30 cm lang • Grünalge in Gestalt langer, schmaler Röhren oder dünner Bänder • Kräftig grün, bis 1 cm breit • Gezeitenbereich, sehr häufig auf Steinen und Holz, in Nord- und Ostsee • Verschiedene, schwer unterscheidbare Arten • Massenentwicklung in nährstoffreichem Wasser.

❷ Borstenhaar
Chaetomorpha linum

STECKBRIEF Unverzweigte, steife Zellfäden, die meterlang werden können • Bildet verworrene, lose liegende Algenteppiche • In Stillwasserbuchten, teilweise massenhaft, Nordsee und Ostsee • Besonders widerstandsfähige Grünalge • Passt den Salzgehalt ihrer Zellen der Umgebung an.

blattartige Alge mit
gewelltem Rand

Meersalat wird häufig an den →
Strand gespült

Meersalat

Ulva lactuca

Größe Bis 80 cm lang
Merkmale Grünalge mit flacher blattartiger Gestalt, am
Rand häufig gewellt, am Untergrund mit kleiner Haftscheibe
befestigt. Bildet verschiedene, nur schwer unterscheidbare
Formen aus.
Vorkommen Gezeitenzone auf Steinen, Felsen oder Muscheln,
aber auch lose umhertreibend. Nordsee und Ostsee bis
Bornholm, weit verbreitet und sehr häufig.

→ **TYPISCH** Der Meersalat sieht nicht nur so ähnlich aus wie
ein Salatblatt, sondern kann auch als Salat gegessen werden.
Auch zum Würzen, als Mineralienquelle, Futter oder Dünger sowie
in Biogasanlagen wird er verwendet. Große Mengen dieser Grünalge können ein Anzeichen für Überdüngung der Meere sein, denn
hohe Nährstoffeinträge sorgen für eine massenhafte Vermehrung
von schnell wachsenden Algenarten wie dem Meersalat.

paarige
Schwimmblasen

gabelig
verzweigt

Blasentang verträgt auch $\rightarrow$
Brackwasser

Blasentang

Fucus vesiculosus

Größe Bis 70 cm lang
Merkmale Büschel gabelig verzweigt, lederartige Blätter
mit Mittelrippe und glattem Rand. Mit Haftscheibe am Untergrund festgewachsen, olivgrün bis gelbbraun. Schwimmblasen beiderseits der Mittelrippe, können auch fehlen.
Vorkommen Flachwasser auf Steinen. Nordsee und Ostsee bis
in den ausgesüßten Bottnischen Meerbusen.

→ TYPISCH Die Form des Blasentangs variiert äußerlich stark
in Abhängigkeit vom Standort. Die Schwimmblasen breiten die
Braunalge im Wasser aus, sodass sie optimal mit Licht und Wasser
versorgt wird. Die Algenbüschel bilden die Grundlage für arten-
reiche Lebensgemeinschaften. So wachsen andere Algen auf dem
Blasentang und werden von Schnecken, Meeresasseln und Floh-
krebsen abgeweidet, auch Fische verstecken sich in den üppigen
Tangwäldern.

① Sägetang

Fucus serratus

STECKBRIEF Bis 1 m lang • Büschel gabelig verzweigt, Blätter lederartig mit deutlich gesägtem Rand (Name) • Auf Felsen und Steinen in der unteren Gezeitenzone, Nordsee bis mittlere Ostsee • Verträgt nur kurzzeitiges Austrocknen und wächst daher im unteren Bereich der Gezeitenzone.

② Knotentang

Ascophyllum nodosum

STECKBRIEF Über 1 m lang • Lange, sehr derbe Zweige • Mit einzelnen, taubeneigroßen Schwimmblasen • Auf Felsen und Steinen in der mittleren Gezeitenzone, Nordsee bis Kattegat • Als Tierfutter und zur Gewinnung von Alginaten (Verdickungs- oder Geliermittel) genutzt • Wird bis zu 30 Jahre alt.

lange Haupt- achse

büschelartige Seitenzweige

Die Beeren sind kleine → Schwimmblasen

Japanischer Beerentang

Sargassum muticum

Größe Bis 3 m lang
Merkmale Seetang mit meterlanger Hauptachse und bü-
scheligen Seitenzweigen, an denen kugelige Schwimmblasen sitzen, die wie Beeren aussehen, daher der Name.
Vorkommen Einwanderer aus Japan, in der Nordsee seit
den 1970er-Jahren, häufig treibend.

→ TYPISCH Diese Braunalge wurde zunächst mit Zuchtaustern
von Japan nach Nordamerika eingeschleppt, 1973 kam sie an die
bretonischen Küsten. In den Folgejahren breitete sich der Japani-
sche Beerentang immer weiter aus und findet sich heute oft an
Nordseestränden. Er wird aufgrund seines starken Wachstums als
invasive Art eingestuft. Sargassum-Matten können den Bootsver-
kehr oder Schwimmer behindern und werden in großen Mengen
als schwer verrottbare Klumpen angespült. Treibend im Meer
bietet der Beerentang Schutz für kleine Fische.

❶ Zuckertang
Laminaria latissima

STECKBRIEF Kann über 4 m lang werden • Haftorgan wurzel-ähnlich, kurzer Stiel • Oberer Teil bandförmig mit gewelltem Rand • An Felsküsten, Nordsee bis Ostsee um Bornholm • Scheidet zuckerähnliche Substanz aus, die nach dem Eintrocknen als weißes, süß schmeckendes Pulver zurückbleibt (Name).

❷ Fingertang
Laminaria digitata

STECKBRIEF Bis 60 cm lang • Blattbasis fingerartig unter-teilt, wurzelartige Haftkralle • An Felsküsten und Steinen unterhalb der Gezeitenzone. Nordsee und westliche Ostsee • Algen bilden keine Sprosse, Wurzeln und Blätter, aber große Tange wie Laminaria bilden Organe, die diesen stark ähneln.

lappenartige,
schwarzrote Alge

Der papierdünne Hauttang lässt
sich gut auf Papier trocknen →

Hauttang

Porphyra umbilicalis

Größe Bis 30 cm groß
Merkmale Rotalge mit rundlichem Umriss, folienartig glatt
und dünn, in der Mitte mit Anheftungsstelle, braunrot bis
schwärzlich.
Vorkommen Felsen, Steine, Muschelschalen in der oberen
Gezeitenzone. Nordsee bis westliche Ostsee.

→ **TYPISCH** Der Haut- oder Purpurtang trocknet bei Ebbe
komplett aus und fühlt sich dann steif an wie Pergamentpapier.
Das schadet ihm aber nicht – wenn die Flut kommt, setzen seine
Lebensfunktionen wieder ein. An der Nordseeküste kommen mehrere sehr ähnlichen Arten vor. Als »Nori« wird eine verwandte Art
in Japan gezüchtet und zur Herstellung von Sushi verwendet. Eine
wichtige wirtschaftliche Bedeutung hat die Nutzung von Purpurtang auch in der Kosmetikindustrie. Seine Inhaltsstoffe werden
als natürlicher UV-Strahlenschutz in Cremes eingesetzt.

❶ Knorpeltang
Chondrus crispus

STECKBRIEF Bis 20 cm hoch • Mehrmals gegabelte, krause, knorpelartige Konsistenz, braunrot • Auf Steinen, kann dichte Bestände bilden, Nordsee bis westliche Ostsee • Aus den Zellwänden wird ein gelatineartiger Stoff gewonnen (Carrageen), der als Stabilisator und Emulsionsmittel dient.

❷ Roter Horntang
Ceramium virgatum

STECKBRIEF Bis 30 cm lang • Verzweigte Büschel aus Fäden mit hornförmigen Endverzweigungen • Kräftig blutrot • Auf Felsen, Muscheln oder anderen Algen, Nordsee und Ostsee • Schützt sich gegen Bakterien und Feinde, indem er in seinen Zellen giftige Schwefelkristalle einlagert.

121

Register

A

Actinia equina 85
Alpenstrandläufer 26
Amblyraja radiata 54
Ammophila arenaria 112
Anser anser 36
Aporrhais pespelicani 68
Arctica islandica 60
Arenaria interpres 29
Arenicola marina 70
Armeria maritima 95
Artemisia maritima 93
Ascophyllum nodosum 117
Aster tripolium 91
Asterias rubens 80
Aurelia aurita 86
Auster, Europäische 59
–, Pazifische 59
Austernfischer 22

B

Bäumchenröhrenwurm 73
Beerentang, Japanischer 118
Belone belone 48
Beroe spec. 88
Besenheide 99
Binsenquecke 113
Blasentang 116
Blättermoostierchen 84
Blumenkohlqualle 89
Bohne, Rote 62
Bohrmuschel, Amerikanische 64
Borstenhaar 114
Brachvogel 30
Brandente 39
Brandgans 39
Brandseeschwalbe 21
Branta bernicla 38
– canadensis 37
– leucopsis 38
Buccinum undatum 65

C

Cakile maritima 97
Calidris alba 28
– alpina 26
– canutus 27
– maritima 28
– minuta 26
Calluna vulgaris 99
Cancer pagurus 79
Carcinus maenas 79
Centaurium littorale 94
Ceramium virgatum 121
Cerastoderma edule 61
Chaetomorpha linum 114
Charadrius alexandrinus 25
– hiaticula 25
Chelon labrosus 47
Chondrus crispus 121
Chroicocephalus ridibundus 15
Chrysaora hysoscella 89

Clangula hyemalis 41
Clupea harengus 46
Crangon crangon 74
Crassostrea gigas 59
Crepidula fornicata
Cyanea capillata 87
– lamarckii 87
Cyclopterus lumpus 51

D/E

Darmtang 114
Donax vittatus 62
Dorsch 45
Dünenrose 109
Echinocardium cordatum 83
Echinus esculentus 82
Eiderente 40
Einsiedlerkrebs 78
Eisente 41
Elymus farctus 113
Empetrum nigrum 98
Ensis americanus 64
Enteromorpha spec. 114
Erica tetralix 98
Eryngium maritimum 104

F/G

Feuerqualle 87
Fingertang 119
Seerinde, Flache 84
Flohkrebs 76
Flunder 52
Flustra foliacea 84
Fucus serratus 117
– vesiculosus 116
Gadus morhua 45
Gammarus locusta 76
Glaux maritima 97
Glockenheide 98
Graugans 36
Grünschenkel 35
Grus grus 43

H/I/J

Haarqualle, Gelbe 87
Haematopus ostralegus 22
Haliaeetus albicilla 42
Halichoerus grypus 8
Halimione portulacoides 102
Hauttang 120
Heidekraut 99
Hering 46
Heringsmöwe 14
Herzmuschel 61
Herzseeigel 83
Hippophae rhamnoides 106
Honkenya peploides 102
Hornhecht 48
Idotea balthica 77
Islandmuschel 60
Jasione montana 95

K
Kabeljau 45
Kanadagans 37
Kartoffelrose 108
Katzenhai 55
Kegelrobbe 8
Kiebitz 24
Kliesche 52
Knorpeltang 121
Knotentang 117
Knutt 27
Köcherwurm 72
Kompassqualle 89
Kormoran 42
Krabbe 74
Krähenbeere 98
Kranich 43
Küstenseeschwalbe 18

L
Lachmöwe 15
Laminaria digitate 119
– latissima 119
Lanice conchilega 73
Larus argentatus 12
– canus 16
– fuscus 14
– marinus 17
– minutus 16
Leymus arenarius 113
Limanda limanda 52
Limecola balthica 62
Limonium vulgare 96
Limosa lapponica 32
– limosa 33
Littorina littorea 66
– saxatilis 66

M/N
Mantelmöwe 17
Meeräsche 47
Meerassel 77
Meersalat 115
Meersenf 97
Meerstrandläufer 28
Melanitta fusca 41
Melonenqualle 88
Membranipora membranacea 84
Miesmuschel 58
Milchkraut 97
Mya arenaria 63
Myoxocephalus scorpius 50
Mytilus edulis 58
Neanthes virens 72
Nesselqualle, Blaue 87
Nonnengans 38
Nordseegarnele 74
Numenius arquata 30

O/P/Q
Ohrenqualle 86
Ophiura albida 81
Ostrea edulis 59
Pagurus bernhardus 78
Pantoffelschnecke 68

Pectinaria koreni 72
Pelikanfuß 68
Peringia ulvae 67
Petricola pholadiformis 64
Pferderose 85
Pfuhlschnepfe 32
Phalacrocorax carbo 42
Phoca vitulina 7
Phocoena phocoena 9
Pierwurm 70
Platichthys flesus 52
Plattmuschel 62
Pleurobrachia pileus 88
Pleuronectes platessa 52
Pomatoschistus microps 49
– minutus 49
Porphyra umbilicalis 120
Psammechinus miliaris 83
Purpurtang 120
Queller 100

R
Recurvirostra avosetta 31
Rhizostoma octopus 89
Ringelgans 38
Rosa rugosa 108
– spinosissima 109
Rotschenkel 34
Runzelrose 108

S
Säbelschnäbler 31
Sägetang 117
Sägezähnchen 62
Salicornia europaea agg. 100
Salzmelde 102
Salzmiere 102
Samtente 41
Sand-Stiefmütterchen 105
Sanddorn 106
Sanderling 28
Sandglöckchen 95
Sandgrundel 49
Sandklaffmuschel 63
Sandregenpfeifer 25
Sargassum muticum 118
Schlangenstern, Heller 81
Schlickgras 111
Scholle 52
Schweinswal 9
Schwertmuschel, Amerikanische 64
Scyliorhinus canicula 55
Seeadler 42
Seegras 111
Seehase 51
Seehund 7
Seeigel, Essbarer 82
Seemoos 85
Seepocke, Gewöhnliche 76
Seeregenpfeifer 25
Seerinde, Flache 84
Seeringelwurm, Grüner 72
Seeskorpion 50
Seestern 80
Seezunge 53

Semibalanus balanoides 76
Sepia officinalis 69
Sertularia cupressina 85
Silbermöwe 12
Solea solea 53
Somateria mollissima 40
Spartina anglica 111
Spisula solida 61
Stachelbeere 88
Stachelpolyp 78
Steinwälzer 29
Sterna paradisaea 18
Sternrochen 54
Sternula albifrons 20
Strand-Grasnelke 95
Strand-Tausendgüldenkraut 94
Strandaster 91
Strandbeifuß 93
Stranddistel 104
Stranddreizack 103
Strandflieder 96
Strandfloh 77
Strandgrundel 49
Strandhafer 112
Strandkamille 92
Strandkrabbe 79
Strandroggen 113
Strandschnecke 66
Strandseeigel 83
Strandweizen 113
Strandwermut 93
Sturmmöwe 16

T
Tadorna tadorna 39
Talitrus saltator 77
Taschenkrebs 79
Thalasseus sandvicensis 21
Tintenfisch 69
Triglochin maritimum 103
Tringa nebularia 35
– totanus 34
Tripleurospermum maritimum 92
Trogmuschel, Dickschalige 61
Turmschnecke 67
Turritella communis 67

U/V/W/Z
Uferschnepfe 33
Ulva lactuca 115
Vanellus vanellus 24
Viola tricolor 105
Wattschnecke 67
Wattwurm 70
Weißwangengans 38
Wellhornschnecke 65
Zostera marina 111
– noltei 110
Zuckertang 119
Zwerg-Seegras 110
Zwergmöwe 16
Zwergseeschwalbe 20
Zwergstrandläufer 26

Bildnachweis

Bellmann/Hecker: 104 kl; **Blickwinkel über Hecker/Audevard:** 27 gr, **Duty:** 49 kl, **Guyt:** 21 kl, **Kuehn:** 21 gr, **Varesvuo:** 16 re, 35 kl, 41 li, **Woike:** 41 re; **Bonifazi:** 81 kl; **Buchhorn/Hecker:** 35 gr, 37 re, 38 re, 42 li, 43 re; **Carter:** 57 u, 87 re; **Conradt:** Umschlaginnenseite hinten rechts/5; **Ecomare/Bos:** 72 li; **Garger:** 89 re; **Garretson:** 84 re; **Hecker:** 6, 7 beide, 8 beide, 9 kl, 10, 11 alle, 12 kl, 13 beide, 14 beide, 15 beide, 16 li, 17 beide, 18 beide, 19 beide, 22 beide, 23 beide, 24 beide, 25 beide, 26 beide, 27 kl, 28 beide, 29 beide, 30 gr, 31 beide, 32 beide, 33 gr, 34 beide, 36 beide, 37 li, 38 li, 39 beide, 40 beide, 42 re, 44 alle, 45 beide, 46 beide, 47 beide, 48 beide, 49 gr, 50 beide, 51 beide, 52 beide, 53 beide, 54 beide, 55 beide, 56, 57 o, 57 Mitte, 58 beide, 59 beide, 60 beide, 61 beide, 62 beide, 63 beide, 64 beide, 65 beide, 66 beide, 68 beide, 69 beide, 70 beide, 71, 74 beide, 75, 76 li, 77 beide, 78 beide, 79 beide, 80 beide, 82 beide, 83 beide, 84 li, 85 li, 86 beide, 87 li, 88 gr, 89 li, 90 alle, 91 beide, 92 beide, 93 beide, 94 beide, 95 beide, 96 beide, 97 beide, 98 beide, 99 beide, 100 beide, 101 re, 102 beide, 103 beide, 104 gr, 105 kl, 106 beide, 107 beide, 108 beide, 109 beide, 112 beide, 113 beide, 114 li, 115 beide, 116 beide, 117 beide, 119 beide, 128/1, 128/2, 128/4 Umschlaginnenseite hinten links/1–8, Umschlaginnenseite hinten rechts/3; **Janke:** Umschlaginnenseite hinten rechts/6; **König:** 67 li, 73 gr; **Kothe-Heinrich:** 120 kl; Ludwig Umschlaginnenseite hinten rechts/2, 4; **Mestel/Hecker:** 12 gr, 43 li; **Picton:** 81 gr; **Porse:** 111 re; **Richardson:** 120 gr; **Sauer/Hecker:** 20 kl, 30 kl, 33 kl, 67 re, 72 re, 73 kl, 76 re, 85 re, 110 beide, 114 re, 121 re, 128/3; **Rudolph:** Umschlaginnenseite hinten rechts/7, 8; **Sanyi:** 121 li; **Schmidt/Hecker:** 20 gr; **Stock/ Hecker:** Umschlaginnenseite hinten rechts/1; **Wilhelmsen:** 101 li; **Zankl:** 9 gr, 111 li, 118 gr; **Zeisterre:** 88 kl; **Ziarnek:** 105 gr

Illustrationen von **Shutterstock** (5): vordere Umschlagklappe innen links und rechts oben, S. 2, S. 3 unten, S. 4 oben) und **Stefanie Wawer** (4): vordere Umschlagklappe innen links unten, S. 3 oben, S. 4 unten, S. 5)

Impressum

Umschlaggestaltung von GRAMISCI Editorial Design (Claudia Geffert), München, unter Verwendung zweier Farbfotos von Frank Hecker (Rotschenkel) und Shutterstock © Ray Hennessy (Hintergrund).

Die Fotos auf der Umschlagklappe vorne außen und das Foto auf der Umschlagklappe vorne innen links stammen aus dem Innenteil.

Mit 252 Farbfotos und 9 Illustrationen.

Unser gesamtes lieferbares Programm finden Sie unter **kosmos.de**. Über Neuigkeiten informieren Sie regelmäßig unsere Newsletter, einfach anmelden unter **kosmos.de/newsletter**.

*Quelle: Media Control MC Metis, Deutschland, FY 2021, WG 420 – Natur und WG 422 – Naturführer, Umsatz

Gedruckt auf chlorfrei gebleichtem Papier

© 2023, Franckh-Kosmos Verlags-GmbH & C. KG
Pfizerstr. 5–7, 70184 Stuttgart
Alle Rechte vorbehalten
ISBN 978-3-440-17688-7
Projektleitung: Claudia Salata
Redaktion und Satz: Barbara Kiesewetter, Redaktionsbüro, München
Produktion: Markus Schärtlein
Gestaltungskonzept: GRAMISCI Editorial Design (Claudia Geffert), München
Druck und Bindung: Friedrich Pustet GmbH & Co. KG, Regensburg
Printed in Germany / Imprimé en Allemagne

Mehr entdecken, mehr verstehen

DAS 〜〜〜

KOSMOS

VERSPRECHEN

Expertenwissen seit 1822

Welches Thema dich auch begeistert – auf unsere Expertise kannst du dich verlassen. Und das schon seit über 200 Jahren.

Unser Anspruch ist es, dich mit wertvollem Rat zu begleiten, dich zu inspirieren und deinen Horizont zu erweitern.

BEGEISTERUNG DURCH KOMPETENZ

Unsere Autorinnen und Autoren vereinen professionelles Know-how mit großer Leidenschaft für ihre Themen.

WISSEN, DAS DICH WEITERBRINGT

Leicht verständlich, lebensnah und informativ für dich auf den Punkt gebracht.

SACHVERSTAND, DEN MAN SEHEN KANN

Mit aussagestarken Fotos, Zeichnungen und Grafiken werden Inhalte besonders anschaulich aufbereitet.

QUALITÄT FÜR HEUTE UND MORGEN

Dafür sorgen langlebige Verarbeitung und ressourcenschonende Produktion.

Du hast noch Fragen oder Anregungen?
Dann kontaktiere unsere Service-Hotline: 0711 25 29 58 70
Oder schreibe uns: kosmos.de/servicecenter

An Buchtipps interessiert? Dann gleich hier anmelden:

www.kosmos.de/newsletter

Die Natur
—— ganz nah!

Naturführer

Tiere und Pflanzen —— deiner Heimat

Beobachte, entdecke und erlebe die Natur um dich herum

KOSMOS

FRANK HECKER

576 Seiten, ca. €(D) 22,00

MIT KOSMOS MEHR ENTDECKEN
—— Über
750 Arten
kennenlernen
und bestimmen
SEIT 1822

Mit diesem praktischen Begleiter erkundest du die Natur vor deiner Haustür. Über 1000 Fotos zeigen alle wichtigen Merkmale von mehr als 750 Tieren, Pflanzen und Pilzen. Außerdem bekommst du viele Beobachtungstipps, erfährst, wie du die Tiere und Pflanzen um dich herum schützen und unterstützen kannst und lernst viel Wissenswertes über jede Art.

Spuren und Fundstücke am Strand

Wer am Strand entlang bummelt, entdeckt jede Menge Interessantes direkt vor seinen Füßen. Wer hat die Löcher in die Muschelschalen gebohrt, von wem stammen die seltsam geformten Eier und wer zieht Spuren in den Sand? Hier findest du verschiedene Spuren und Fundstücke, die dir bei einem Strandspaziergang oft begegnen, und die Erklärung, wer sie hinterlassen hat und um was es sich dabei handelt.

Bernstein findet man oft dort, wo Seetang und kleine Holzstückchen angespült werden.

Donnerkeile sind versteinerte Schalenreste ausgestorbener Tintenfische (Belemniten).

Seeigel-Gehäuse sind zerbrechlich und nur selten heil am Strand zu finden.

Eier der Wellhornschnecke, die in Ballen an den Strand gespült werden, sind meist leer.